Maj Samzelius

Helden und Ungeheuer am Himmelszeit

FROHE OSTERN !

1991

von DEINER

Uroma

Inhalt

Wie es zu diesem Buch kam

Als ich ein Kind war, gab es noch kein Neonlicht, die Straßen und Wege waren nicht so hell beleuchtet wie jetzt, und so konnte man den Sternenhimmel gut sehen, selbst wenn man in einer Stadt oder in einem Vorort wohnte.

Da ich einen recht weiten Schulweg hatte, machte ich es mir zur Gewohnheit, in den dunklen Wintermorgenstunden die Sterne anzuschauen. Mit der Zeit wurden sie mir vertraut, sie wurden meine Gefährten und begleiteten mich auf meinem Weg. Nach und nach erfuhr ich, daß die Sterne verschiedene Namen hatten, und ein noch größeres Erlebnis war es für mich zu entdecken, daß diese Namen zumeist mit den alten griechischen Sagen verknüpft waren.

Seit dieser Zeit habe ich das Gefühl, daß die Sterne meine besonderen Freunde sind, und auch als Erwachsene habe ich nie aufgehört, alle Geschichten über sie zu lesen.

Als ich einmal im Funkhaus meinen Kollegen von den Sternen und Sagen erzählte, waren sie ganz begeistert. Sie schlugen mir vor, eine Radioserie über die „Helden und Ungeheuer am Himmelszelt" zu machen.

Kaum hatte die Serie begonnen, fragten die Hörer schon nach dem dazugehörigen Buch. Aber zu diesem Zeitpunkt war noch keine Rede davon, daß der Stoff zu einem Buch werden sollte. Wir konnten also nur den Rat geben, sich an eine Bibliothek oder an den Buchhandel zu wenden. Doch mit dieser Auskunft waren nicht alle zufrieden. Sie wollten auch das Radiomanuskript haben.

Ein kleines Mädchen versuchte zu erklären: „Ich will doch wissen, was sie *sprechen,* verstehst du?" Und andere Kinder wollten das Buch haben, um selber Theater spielen zu können, genauso wie in der Radioserie.

Alle diese lieben und freundlichen Briefe haben mich schließlich veranlaßt, den Versuch zu unternehmen, aus dem Radiomanus ein Buch zu machen. Es wuchs sich ebenfalls zu einer Serie aus: zu einer Buchserie– denn über die Sterne gibt es viel zu erzählen!

Zuletzt noch eines: Es möge sich niemand wundern, wenn die Personennamen manchmal auf verschiedene Art geschrieben sind. Das kommt daher, daß die Namen der Sternbilder in lateinischer Sprache angegeben sind, damit man sie auf der Sternenkarte leichter finden kann. In der Sage selbst hingegen werden die griechischen Namen verwendet.

Maj Samzelius

*

An einem Sonntagvormittag sitze ich mutterseelenallein in meiner einsamen Hütte auf einer einsamen Ostseeinsel, drehe an den Radioknöpfen herum... und bekomme plötzlich ein paar Kinderstimmen im Sender 1, Radio Stockholm, zu hören. Die Kinder maulen, weil der Fernseher kaputt ist: „Was haben denn die Leute früher gemacht, als es noch keinen Fernseher gegeben hat?"

Der Onkel geht mit den Kindern ins Freie und zeigt auf den Sternenhimmel: „Beim Lagerfeuer sind die Leute gesessen und haben zu den Sternbildern dort oben Geschichten erzählt. Geschichten von Riesen, Ungeheuern, Königen und Prinzessinnen. Jaghunde, Hasen, Bären, Stiere und Skorpione und noch viel anderes mehr tummelt sich dort oben herum – der Sternenhimmel ist voll von Abenteuern. Spannende Abenteuer sind es, das kann ich euch versprechen!"

Die Kinder werden neugierig und bitten den Onkel um diese Geschichten.

Auch ich werde neugierig und höre mir ein Abenteuer nach dem anderen an. Beginne mich plötzlich auszukennen: auf dem Himmel, zwischen den Sternen und in den alten griechischen Götter- und Heldensagen. Und ich gebe das schwedische Buch über die Hörspiele weiter an Erika Bohata. Sie übersetzt für ihre Enkelkinder die Geschichte vom Jäger Orion und vom Osterhasen. Und da werden auch die Enkelkinder neugierig, wollen noch mehr Sternenabenteuer hören. So ist nach und nach das ganze Buch übersetzt worden.

Hier ist es nun! Und ich freue mich, diese Sternengeschichten von einer schwedischen Insel bis in unser Land transportiert zu haben. Denn die Sterne sind über uns allen, und was sie erzählen, gehörte auch schon immer uns allen! Was für ein herrliches „Fernsehen"!

Graziella Hlawaty

So ein trostloser Abend

„Dreh den Fernseher auf, Kristoffer!“ rief Jan. „In ein paar Minuten fängt was ganz Spannendes an.“ Er half seiner Schwester den Tisch abzuräumen und verschwand mit einem Stoß Teller in der Küche.

Kristoffer rutschte vom Sessel herunter, stopfte den letzten Bissen in den Mund und ging zum Fernsehapparat. Er drückte auf den Knopf und wartete.

„Da rührt sich nichts“, stellte er nach einer Weile fest.

Jan kam zurück. „Mach Platz!“ sagte er, schob seinen kleinen Bruder zur Seite und begann an den verschiedenen Knöpfen herumzudrehen. Vergebens: der Fernseher gab nur ein Rauschen von sich.

„Siehst du, es kommt nichts!“

„Onkel Martin!“ rief Jenny und lief hinaus in die Küche, wo ihr Onkel gerade dabei war, nach dem Abendessen aufzuräumen. „Kristoffer hat den Fernseher kaputt gemacht!“

„Hab ich aber wirklich nicht!“ ertönte Kristoffers entrüstete Stimme.

Jenny zog den Onkel ins Zimmer: „Kannst du das reparieren?“

Er schüttelte den Kopf: „Du, da kenne ich mich nicht aus. Ich hab eurer Mutter versprochen, eine Woche für euch zu kochen, aber daß ich auch euren Fernseher reparieren soll, davon war nicht die Rede!“

„Bestimmt ist eine Sicherung kaputt“, konstatierte Jan sachkundig. „Da braucht man eben eine neue.“

„Können wir denn keine besorgen?“ wollte Kristoffer wissen.

„Woher denn? Hier draußen auf der Insel gibt es doch kein Radiogeschäft“, sagte Jan verdrossen. „Und alle anderen

Sommergäste sind schon längst wieder in die Stadt gezogen. Nächste Woche beginnt ja die Schule." Mißmutig blätterte er in alten Comicstrips.

„Ich weiß gar nicht, was ihr habt, ich finde es auf unserer Insel hier sehr schön", verkündete Kristoffer.

„Das verstehst du nicht! Wenn du nur fischen kannst, dann bist du schon zufrieden", zischte Jan.

„Ich fische eben gern!"

„Zu dumm, daß Mama und Papa gerade jetzt nach England fahren mußten", klagte Jenny.

„Aber Jenny! Es war doch die einzige Woche in diesem Sommer, in der eure Eltern gemeinsam Urlaub machen konnten", wandte der Onkel ein.

„Stimmt", platzte Kristoffer heraus. „Und Papa hat gesagt, daß es lieb von Onkel Martin ist, hierher zu kommen und sich um uns zu kümmern."

„Klar ist das lieb von dir, Onkel." Jenny wurde rot. „Ich hab ja nur gemeint, daß es stinkfad ist, wenn der Fernseher nicht funktioniert. Was soll man da den ganzen Abend lang machen?"

„Habt ihr denn keine Bücher?" fragte der Onkel.

„Ich hab meine schon alle ausgelesen. Ach, was für ein trostloser Abend!"

„Kann man wohl sagen." Jan warf das Comicheft, das er schon x-mal gelesen hatte, beiseite.

„Du, Onkel Martin, was haben denn die Leute früher gemacht? Ich meine, bevor es das Fernsehen gab?" fragte Jenny.

„Meinst du, in der Steinzeit, als ich ein Kind war?" scherzte der Onkel.

„Mach dich nicht lustig, Onkel! Ich meine viel früher, vor Hunderten von Jahren und so."

„Das weiß ich!" platzte Jan heraus. „Man saß im Dunkeln rund um das Herdfeuer, starrte in die Glut und erzählte eine Schauergeschichte nach der anderen."

„Aber ich weiß doch keine Geschichten", sagte Jenny.

„Nun, würdet ihr gerne Geschichten hören?" fragte der Onkel.

„Warum nicht, wenn sie spannend sind?“

Onkel Martin dachte eine Weile nach. „Habt ihr Lust, noch ein bißchen hinauszugehen?“ fragte er dann.

„Aber es ist ja schon ganz dunkel!“ wandte Jenny ein.

„Wir könnten nach den Sternen sehen“, schlug der Onkel vor.

„Äh, wozu denn?“ Jan schien nicht besonders interessiert.

„Wozu? Weil es eine Menge spannender Geschichten über die Sterne gibt“, erklärte der Onkel.

„Meinst du die Astronomie oder so?“ fragte Jan.

„Daran hab ich gerade nicht gedacht, sondern vielmehr an die Sternbilder. Von denen habt ihr doch wohl schon gehört?“

Die Kinder schauten den Onkel fragend an.

„Meinst du den Steinbock und den Wassermann und die Fische und das alles?“ fragte Jenny. Sie las manchmal die Horoskope in den Wochenzeitungen.

„Richtig!“ Onkel Martin zog etwas aus seiner Tasche: es war eine Sternenkarte. Er faltete sie auseinander und legte sie auf den Tisch.

„Schaut einmal, hier könnt ihr euch alle Sternbilder ansehen. Und da stehen auch ihre Namen.“

„Aber das sind ja nur viele, viele Punkte mit Strichen dazwischen.“ Kristoffer war enttäuscht.

„Jeder Punkt bedeutet einen Stern. Und wenn man die Linien verfolgt, die die verschiedenen Sterne miteinander verbinden, dann kann man die einzelnen Sternbilder erkennen.“

„Wo ist der Löwe?“ fragte Kristoffer neugierig. „Ich bin nämlich ein Löwe, weil ich im August Geburtstag habe.“

Onkel Martin nahm einen Bleistift und zeigte auf die Karte. „Hier: das ist das Sternbild des Löwen. Schau, da steht ‚Leo‘, das bedeutet Löwe auf lateinisch. Und wenn man die Linie von diesem Stern zum nächsten verfolgt und dann weiter, so hat man den Kopf des Löwen. Und hier unten, siehst du, da ist der Oberkörper, und da hast du die Vorderpfoten. Der lange Strich hier oben ist der Rücken, und wenn wir weitergehen zu diesem großen Stern hier, dann sehen wir den Schwanz.“

„Das ist ja wirklich ein Löwe!" Kristoffer war ganz begeistert.

Der Onkel lächelte und zeichnete dem Löwen eine lockige Mähne.

„Aber am Himmel gibt es doch keine solchen Striche zwischen den Sternen!"

„Nein, die gibt es natürlich nicht. Aber die Menschen haben immer versucht, die hellsten Sterne mit gedachten Linien zu verbinden, und dadurch sind in ihrer Phantasie verschiedene Figuren entstanden: allerlei Tiere und Gegenstände und auch viele Helden und Heldinnen. Und so sind die Sternbilder zustandegekommen."

„Das ist toll! Vielleicht haben die Menschen sogar gewettet, wer wohl die besten Figuren herausfindet?" vermutete Kristoffer.

„Vor allem haben sie einander Geschichten erzählt. Jedes dieser Sternbilder hat nämlich seine Geschichte. Und schon vor Tausenden von Jahren berichteten Bauern, Seeleute und Schafhirten davon. Der Himmel war für sie wie eine einzige große Filmleinwand, auf der die Sternbilder wie Schauspieler auftraten und ein Stück über die Helden und Ungeheuer dieser Zeit spielten."

Jan lachte: „Das ist ja fast wie bei einer Fernsehserie!"

„Ja, ungefähr so kann man sich das vorstellen."

„Gibt es auch eine Geschichte über den Löwen?" fragte Kristoffer interessiert.

„Natürlich."

„Dann möcht ich hinausgehen und den Löwen anschauen!" Kristoffer war schon unterwegs zur Tür.

„Ich fürchte, dazu ist es heute schon zu spät. Um diese Zeit kann man nur mehr seine Schwanzspitze am Horizont sehen. Aber es gibt ja eine Menge anderer Sternbilder zum Anschauen", tröstete der Onkel, als er Kristoffers enttäuschtes Gesicht sah. „Wer mitgehen will, soll sich eine Jacke anziehen. Ich würde vorschlagen, daß wir auf den Aussichtsberg hinaufgehen."

Onkel Martin nahm ein Fernglas und eine Taschenlampe, er knipste sie an, um zu sehen, ob sie in Ordnung war.

„Warum hat deine Taschenlampe ein rotes Licht?" fragte Jan erstaunt.

„Wenn sich unsere Augen an die Dunkelheit gewöhnt haben und wir draußen auf die Sternenkarte schauen, würde uns das gewöhnliche weiße Licht blenden", erklärte der Onkel.

„Kommst du mit, Jenny?"

„Von mir aus!" Jenny schien nicht sehr begeistert.

Jan schnappte Papas Fernglas und auch noch seine eigene Taschenlampe, und dann gingen sie hinaus.

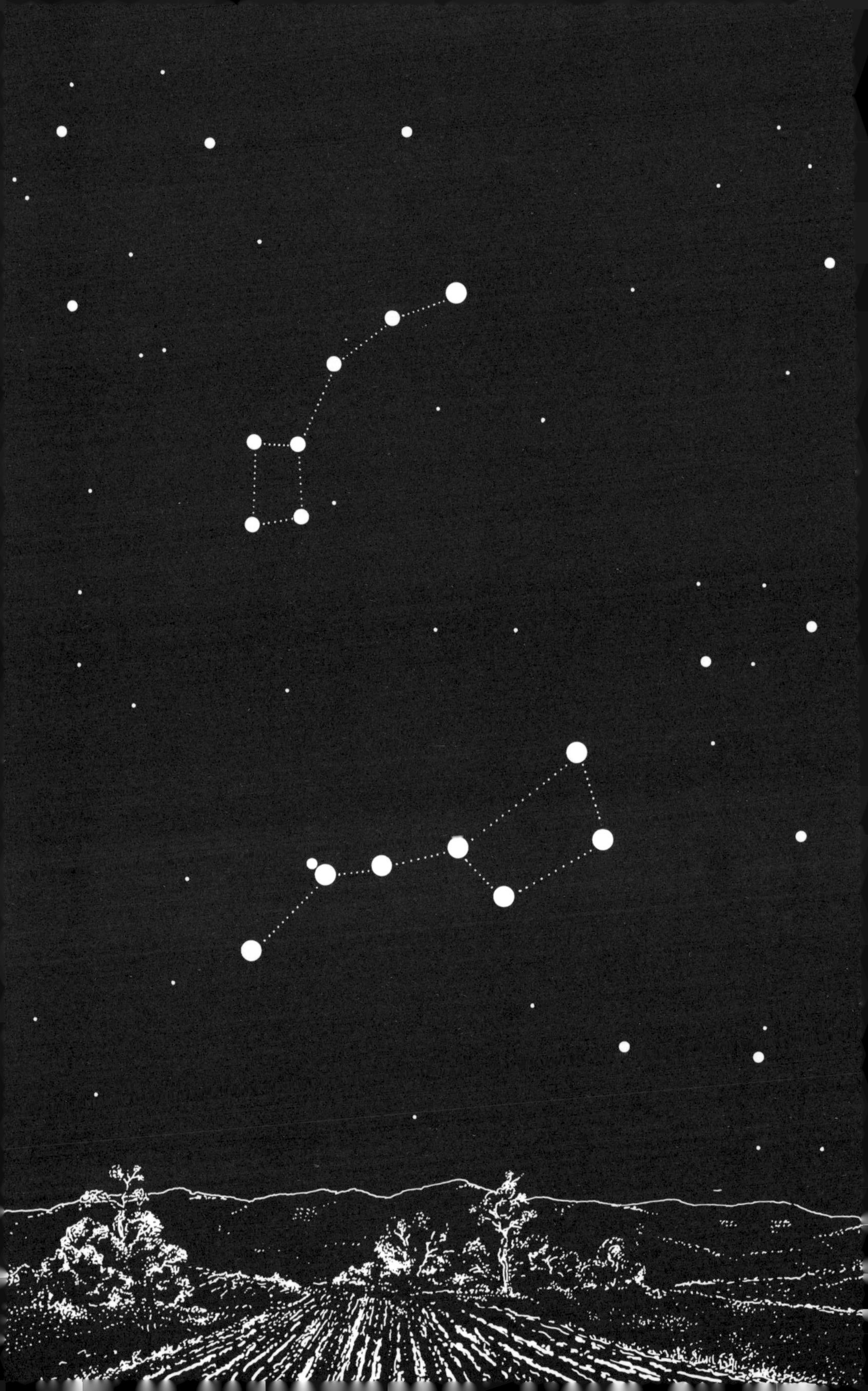

Onkel Martin beginnt zu erzählen

Zum Glück hatte Jan seine Taschenlampe mit, denn im Dunkeln war es gar nicht so leicht, den Berg hinaufzuklettern. Doch als sie oben waren, wurden sie für ihre Mühe belohnt: über ihnen funkelte der sternklare Augusthimmel in all seiner Pracht.

Eine Weile standen die Kinder still da – sprachlos, überwältigt von diesem Anblick.

„Wie viele Sterne das sind!" rief Kristoffer.

„Aber ich kann kein einziges Sternbild entdecken." Jan verrenkte sich fast den Hals. „Auf der Sternenkarte ist das viel einfacher, dort stehen immer die Namen."

„Sei nicht so ungeduldig. Du wirst bald einige Sternbilder erkennen", sagte der Onkel und setzte sich auf einen Stein. „Setzt euch auch nieder, aber gebt acht! Daß mir ja keiner über den Abhang purzelt!"

Die Kinder kauerten sich um den Onkel.

„Kennt ihr irgendeinen Stern?" fragte er.

„Ja, den Polarstern, denn der steht immer im Norden – das muß wohl dieser sein." Jan zeigte auf einen hell leuchtenden Stern.

„Stimmt. Und der Polarstern ist auch die Schwanzspitze vom Kleinen Bären. Etwas weiter westwärts findet ihr den Großen Bären. Wir nennen ihn auch den Großen Wagen. Eigentlich ist dieser Große Wagen ja nur ein Teil vom Sternbild des Großen Bären."

„Den Großen Wagen seh ich!" verkündete Jenny stolz.

„Erzählst du uns von dem Bären?" fragte Kristoffer.

„Nein, ich möchte lieber mit einer anderen Geschichte be-

Sternbild „Großer und Kleiner Wagen, Polarstern" – gut sichtbar am 1.11.22 Uhr, 15.11.21 Uhr, 1.12.20 Uhr – nach Norden

ginnen“, antwortete der Onkel. „Seht ihr, was sich da über den ganzen Himmel zieht und aussieht wie ein breites, helles Band?“

„Natürlich, das ist doch die Milchstraße“, sagte Jenny, die darauf aus war zu zeigen, was sie alles wußte.

„Richtig. Und dort, ganz nahe der Milchstraße, sieht man eine ganz kleine Sternengruppe, die ihr vielleicht auch schon kennt: das ist das Siebengestirn.“

„Jaja, das findet man leicht!“ rief Kristoffer.

„Und zwischen dem Siebengestirn und dem Polarstern“, fuhr der Onkel fort, „direkt in der Milchstraße drinnen, sieht man eine Reihe von Sternen, fast wie ein Bogen.“

„Ich glaub, ich seh sie. Dort!“ Jan zeigte mit seiner Taschenlampe hinauf auf den Himmel.

Der Onkel nickte: „Ja, richtig. Und da habt ihr das Sternbild des Perseus.“

„Wer war denn das?“ fragte Kristoffer.

„Perseus war ein berühmter Held. Sein ganzes Leben bestand aus Abenteuern und großen Taten“, erklärte der Onkel, und er begann zu erzählen.

Die Truhe im Meer

Die Mutter von Perseus hieß Danae. Sie war die Tochter eines Königs, der im alten Griechenland über die Stadt Argos herrschte. Um den Thron besteigen zu können, hatte Danaes Vater seinen eigenen Bruder aus Argos vertrieben, und nun fürchtete er, daß ihm ein ähnliches Schicksal widerfahren könnte. Er war sehr abergläubisch und ließ sich oft weissagen. Einmal wurde ihm prophezeit, daß der Sohn Danaes seinen Tod verschulden werde. Da bekam der König große Angst, und um zu verhindern, daß seine Tochter je einen Mann kennenlerne und Kinder bekäme, ließ er sie in einen Turm mit dicken Mauern einsperren.

Da saß nun die arme Prinzessin in ihrem Gefängnis und war sehr traurig. Doch Gott Zeus verliebte sich in sie und verwandelte sich in einen goldenen Regen, um in den Turm zu gelangen. Dort nahm er wieder seine göttliche Gestalt an und erklärte Danae seine Liebe.

Ein Jahr danach bekam die Königstochter einen Sohn, den sie Perseus nannte.

Einige Zeit gelang es ihr, das Kind vor ihrem Vater zu verstecken, aber durch einen Zufall kam dem König zu Ohren, was geschehen war. Er dachte an die Weissagung, geriet in Angst und Schrecken und wurde so wütend, daß er Danae mitsamt ihrem kleinen Sohn in eine große, bronzebeschlagene Truhe einsperren ließ. Sodann befahl er, sie ins Meer zu werfen.

Wind und Wellen trieben die Truhe hinaus aufs stürmische Meer. Drinnen saß Danae und versuchte, ihren Sohn mit einem Wiegenlied in den Schlaf zu singen.

Sternbils „Perseus“ – gut sichtbar am 1.10.22 Uhr, 15.10.21 Uhr, 1.11.20 Uhr, 15.11.19 Uhr – nach Osten

„Es brausen die Wellen, es brauset der Wind,
doch du sollst jetzt schlafen, schlaf ruhig, mein Kind.
Nichts sollst du wissen von Tränen und Sorgen,
in meinen Armen bist du geborgen.
So schlaf nur, das Meer wird bald ruhig sein,
vielleicht schläft am Ende das Unglück ein…"

Den Meeresgott Poseidon rührte Danaes Gesang. Er streckte seinen Dreizack über das Wasser, und sogleich legte sich der Sturm. Ruhig schaukelte die Truhe immer weiter übers Meer.

Auf der felsigen Insel Seriphos kamen in der Morgenfrühe einige Fischer zum Strand, um ihre Netze einzuholen.

„Auf, Burschen, faßt an, laßt uns das Netz an Land ziehen!" rief der älteste von ihnen, Diktys war sein Name.

Aber ein anderer Fischer hielt ihn zurück. „Warte", flüsterte er. „Da singt doch jemand!"

Diktys lauschte. „Du hast recht", sagte er verwundert. „Aber woher soll die Stimme kommen? Hier am Strand gibt es doch keinen Menschen außer uns. Seltsam!"

„Die Stimme kommt vom Meer her", meinte der jüngste der Fischer.

„Noch seltsamer." Diktys schaute hinaus aufs Meer. „Es gibt doch auch kein einziges Boot – soweit das Auge reicht."

Der Fischer, der den Gesang zuerst gehört hatte, machte ein ängstliches Gesicht und flüsterte verschreckt: „Bedenke, wenn das die Meeresjungfrauen sind, die uns in die Tiefe locken wollen! Es ist wohl besser, wir gehen nach Hause."

„Rede keinen Unsinn", sagte Diktys ärgerlich. „Übrigens, jetzt ist die Stimme nicht mehr zu hören."

Der Gesang war tatsächlich verstummt, nur noch das Geräusch der Wellen war zu hören.

Nach einer Weile ergriffen die Fischer das Netz und begannen es einzuziehen. Doch da staunten sie nicht schlecht: Es war schwer wie Blei.

„Da muß sich etwas im Netz verfangen haben", rief der jüngste und packte mit aller Kraft zu.

„Gebt acht“, warnte Kallas, der ängstliche Fischer. „Uns kann doch ein Meeresungeheuer ins Netz geraten sein.“

Diktys spähte hinaus. „Es sieht eher aus wie eine große Kiste oder eine Truhe. Kommt“, schlug er dann vor, „laßt uns hinaus ins Wasser gehen, dann werden wir gleich wissen, womit wir es zu tun haben.“

Die Männer wateten ins Meer, um sich das Ding näher zu besehen.

Der jüngste war zuerst dort und rief: „Du hast recht, Diktys. Es ist wirklich eine große, sonderbare Truhe!“

Diktys eilte hin, um sie genauer in Augenschein zu nehmen. Dann kratzte er sich nachdenklich am Kopf: „Sie ist aus einem kostbaren Holz und hat Beschläge aus Bronze. Solch eine schöne Truhe habe ich noch nie gesehen.“

„Vielleicht ist sie mit Schätzen angefüllt“, sagte der jüngste. Seine Augen glänzten. „Vielleicht gar mit Gold und Edelsteinen?“

„Können wir es wagen, sie zu öffnen?“ fragte Kallas mit gierigem Blick und kam vorsichtig näher.

„Zuerst müssen wir sie an Land schleppen“, sagte Diktys. „Also packt an, Freunde. Und gebt acht, daß wir sie nicht fallen lassen!“

Die Truhe war unglaublich schwer. Nur mit großer Mühe gelang es den Männern schließlich, sie auf ihre Schultern zu heben. Sie schickten sich an, auf den Strand zuzugehen.

Da schrie Kallas plötzlich auf und ließ die Truhe los. Mit einem lauten Klatsch plumpste sie ins Wasser.

Diktys wurde zornig. „Du Schafskopf!“ rief er. „Hab ich nicht gesagt, daß wir achtgeben müssen? – Und du läßt mir die Truhe auf die Füße fallen!“

Aber Kallas hörte gar nicht zu. Schreckerfüllt starrte er auf die Truhe. „Habt ihr nicht gehört?“ flüsterte er. „In der Truhe ist doch jemand – und der hat gelacht.“

„Das war eine Möwe, die gelacht hat“, schimpfte Diktys. „Was bist du doch für ein ängstlicher Hasenfuß, hörst überall Stimmen!“

Er beugte sich nieder, um die Truhe wieder aufzuheben, und

just in diesem Augenblick hörte auch er es: das helle Lachen in der Truhe. Die Männer schauten einander an.

„Habt ihr es jetzt gehört?“ Kallas war außer sich vor Angst. „Glaubt mir, die Truhe ist von bösen Geistern verzaubert. Ich rühre sie nicht mehr an.“

Und noch bevor Diktys ihn aufhalten konnte, lief Kallas mit langen, weitausholenden Schritten auf das Land zu.

„Komm zurück!“ rief Diktys ihm nach.

„Nie im Leben!“ rief Kallas, ohne sich umzudrehen. „Werft die Truhe zurück ins Meer! Mich seht ihr erst wieder, wenn wir sie los sind!“

„So geh doch, du feiger Tropf“, murmelte Diktys.

Mühsam zogen sie die Truhe zu dritt an Land. Dann holte Diktys eine Stange und begann, das Schloß aufzustemmen.

„Willst du die Truhe wirklich öffnen?“ fragte der junge Fischer. „Wenn Kallas am Ende doch recht hat, und es sind böse Geister drinnen und...“

„Du wirst doch nicht im Ernst behaupten wollen, daß böse Geister so hell wie kleine Kinder lachen!“ unterbrach ihn Diktys. „Hilf mir lieber, der Deckel ist sehr schwer.“

Unter Ächzen und Stöhnen gelang es den Männern, den Deckel emporzuheben.

„Bei allen Göttern!“ flüsterte der junge Fischer überwältigt.

Diktys brachte kein Wort über die Lippen. Er starrte nur voller Verwunderung auf die junge Frau, die sich, mit einem Kind im Arm, aus ihrem engen Gefängnis erhob. Sie sah die Männer an und lächelte: „Ich danke euch, daß ihr uns befreit habt!“

Endlich fand Diktys seine Stimme wieder: „Wer bist du?“ fragte er. „Bist du eine Meeresgöttin?“

Die Frau schüttelte den Kopf. „Ich heiße Danae und komme von Argos.“

„Von Argos?“ rief Diktys über alle Maßen verwundert. „Heißt das, daß euch dieses enge Gefährt über das ganze weite Meer getragen hat? Wie lange wart ihr unterwegs?“

„Das weiß ich nicht“, antwortete Danae. „In der Truhe war es immer dunkel.“

Sie streckte Diktys die Hand entgegen, und er half ihr herauszusteigen.

„Welch ein Unmensch hat euch beide in diese Truhe gesperrt? Wer hat euch ins Meer geworfen?“

Danae zögerte einen Augenblick, ehe sie antwortete: „Mein eigener Vater, der König von Argos.“ Und als sie Diktys' erstauntes Gesicht sah, berichtete sie von der Weissagung und fuhr dann fort: „Als schließlich mein Vater von der Geburt meines Sohnes Perseus erfuhr, war er vor Schreck so außer sich, daß er uns ins Meer werfen ließ.“

Diktys schüttelte den Kopf ob solcher Grausamkeit. „Kann ich dir helfen? Ich heiße Diktys, bin Fischer und wohne hier auf dieser Insel.“

„Wie heißt die Insel?“ wollte Danae wissen.

„Seriphos. Und du kannst beruhigt sein, sie liegt weit weg von Argos. Hier bist du vor deinem Vater sicher. Mein Zuhause ist zwar nur eine einfache Fischerhütte, aber du bist herzlich willkommen, mit deinem Sohn bei mir zu wohnen.“

Danae sah in das gütige Gesicht des alten Fischers und faßte sogleich Vertrauen zu ihm.

„Du bist ein guter Mensch, Diktys. Ich danke dir.“ Sie reichte ihm die Hand, und gerade als sie sich auf den Weg machen wollten, ertönten Hornsignale von den Bergen her.

„Da kommt Polydektes!“ rief der junge Fischer.

Danae wandte sich um und erblickte einen stattlichen Mann, der sich mit festen Schritten dem Strand näherte.

„Wer ist Polydektes?“ fragte Danae neugierig.

„Das ist mein jüngerer Bruder. Er herrscht über diese Insel“, erklärte Diktys. „Ich sehe dein Erstaunen, und ich kann es verstehen. Es kommt wohl nicht oft vor, daß Brüder so verschieden sind wie wir, daß der eine in einem Schloß wohnt und der andere in einer Hütte. Aber Polydektes ist ein ehrgeiziger Mann; ich dagegen, ich bin zufrieden mit dem, was ich habe.“

Polydektes war näher gekommen: ein hochgewachsener Mann, mit einem harten und herrschsüchtigen Gesicht. Er warf einen kurzen Blick auf Danae, wandte sich dann an seinen Bruder und fragte hochmütig: „Was plappert Kallas daher? Eine Truhe wurde vom Meer angeschwemmt, und sie ist voller Gespenster?"

„Wenn man Danae und Perseus, ihren Sohn, Gespenster nennen will, so hat er recht", antwortete Diktys mit einem Lächeln.

Polydektes betrachtete Danae: „Ich gebe zu, Gespenster habe ich mir ein bißchen anders vorgestellt", versuchte er zu scherzen. Er war von Danaes Schönheit sehr beeindruckt, und da sie Schmuck und kostbare Kleider trug, folgerte er, sie sei eine Fürstin. Deshalb verbeugte er sich vor ihr und sagte: „Wer immer du auch sein magst, du bist willkommen!"

„Ich danke dir, daß du uns auf deiner Insel bleiben läßt", antwortete Danae. Sie fühlte sich unter den prüfenden Blicken des Polydektes unsicher, nahm jedoch allen Mut zusammen und fuhr fort: „Dein Bruder hat uns in sein Haus eingeladen, ich hoffe, du hast nichts dagegen."

Polydektes lächelte herablassend: „Die Hütte meines Bruders ist klein und kaum passend für eine Fürstin. In meinem Palast wird es dir sicher besser gefallen. Laß doch deinen Sohn bei Diktys, er ist bestimmt ein ausgezeichneter Pflegevater für den Buben. Du selbst aber folge mir, werde meine Frau und Herrscherin über Seriphos."

„Das wird doch nicht dein Ernst sein?" sagte Danae und versuchte, seine Worte als Scherz abzutun.

Doch so leicht ließ sich Polydektes nicht abspeisen. „Und ob das mein Ernst ist!" rief er. „Vom ersten Augenblick an war es mir klar: Dich möchte ich zu meiner Frau machen!"

„Da tut es mir aber leid, daß ich dich enttäuschen muß", erklärte Danae. „Ich gedenke nicht zu heiraten. Und nie und nimmer trenne ich mich von meinem Sohn. Bei ihm will ich bleiben, solange er mich braucht. Seine Zukunft ist das einzig Wichtige für mich."

Der König war sprachlos. Er traute seinen Ohren nicht. Doch Danae setzte fort: „Ich hoffe, du verzeihst, wenn wir dich jetzt verlassen. Diktys wird mir seine Hütte zeigen."

Sie wandte sich Diktys zu, der nahm das Kind auf den Arm und führte sie weg.

Mit finsterem Blick schaute ihnen Polydektes lange nach. „Ich wünschte, dieses Kind wäre nie zur Welt gekommen!" zischte er. Dann drehte er sich um und ging auf die Klippen zu, wo sein Gefolge wartete.

Perseus erhält einen gefährlichen Auftrag

In der einfachen Fischerhütte fühlte sich Danae geborgen. Diktys kümmerte sich um sie, als wäre sie seine eigene Tochter. Dort wuchs Perseus auf, lernte mit Netzen und Booten umzugehen und war immer einer der Ersten, wenn es um Spiel und Sport ging.

Aber Polydektes, der Herrscher der Insel, haßte ihn. Er konnte nicht vergessen, daß sich Danae ihres Sohnes wegen geweigert hatte, seine Frau zu werden. Deshalb grübelte er immer wieder darüber nach, wie er Perseus loswerden könnte. Schließlich glaubte er, eine passende Gelegenheit gefunden zu haben: Er veranstaltete ein großes Fest, und zu diesem lud er auch Danaes Sohn ein.

Perseus war noch nie auf einem Fest gewesen. Er fühlte sich befangen und unsicher, und es dauerte eine Weile, ehe er es wagte, in den Festsaal einzutreten. Dort saß Polydektes mit seinen Gästen bereits bei Tisch. Unter der Gesellschaft befand sich auch Kallas, der Fischer. Er hatte es verstanden, sich beim König einzuschmeicheln, und so war es ihm gelungen, ein reicher und mächtiger Mann zu werden.

Perseus blieb an der Tür stehen und wußte nicht recht, wie er sich benehmen sollte. Kallas erblickte ihn und rief: „Nein so etwas, Perseus ist auch hier! Ich hätte nicht gedacht, daß so ein armer Fischerjunge sich ein Geschenk für den König leisten kann!“

„Ein Geschenk?“ fragte Perseus verwundert und machte ein unglückliches Gesicht. „Ich wußte nicht, daß man ein Geschenk mithaben soll.“

Kallas brach in schallendes Gelächter aus und rief den anderen Gästen zu: „Habt ihr das gehört? Unser Perseus hier weiß nicht einmal, daß man bei einem Fest wie diesem dem König ein Geschenk mitzubringen hat!"

Die ganze Tischrunde stimmte in das Gelächter ein, und einer der Gäste wandte sich an Perseus: „Was hat man dich eigentlich gelehrt?" fragte er höhnisch. „Ich jedenfalls habe ein schönes Pferd mitgebracht."

Perseus errötete: „Ein Pferd? Woher sollte ich das Geld für ein Pferd nehmen?"

Polydektes winkte abwehrend mit der Hand: „Laßt den Jungen in Ruhe! Er kann mir ein anderes Mal ein Geschenk machen."

„Das werde ich auch!" rief Perseus, ganz aus der Fassung gebracht. „Sag nur, was du dir wünschst, und was immer es auch sein mag, ich werde es herbeischaffen. Dann wird niemand mehr über mich lachen können."

„Heraus damit, Polydektes, sag, was du dir wünschst. Dann werden wir ja sehen, ob dieser Grünschnabel zu seinem Wort stehen kann!" höhnte Kallas.

„Wohl weiß ich, was ich mir wünsche", sagte Polydektes scheinbar zögernd. „Doch Perseus ist kaum Manns genug, meinen Wunsch zu erfüllen."

„Sag nur, was es ist!" rief Perseus ungeduldig.

„Hast du jemals von den drei Gorgonen gehört?" fragte Polydektes.

„Den drei Gorgonen? Ich kann mich nicht erinnern."

Polydektes leerte sein Weinglas. „Die Gorgonen sind drei Schwestern", begann er zu erzählen. „Sie wohnen im Land der ewigen Dunkelheit, im Land der Hesperiden, weit weg, am Ende der Welt. Sie sind schreckliche Wesen, fürchterlich anzuschauen. Am allerwidrigsten ist Medusa, die jüngste von ihnen. Man sagt, ihr Gesicht sei breit, mit einer platten Nase und stierenden Augen, ihre Zunge sei immer herausgestreckt und die Lippen zu einem teuflischen Grinsen erstarrt. Aber am allerscheußlichsten sind ihre Haare aus sich ringelnden Schlangen. Wenn jemand kühn genug ist, Medusa anzusehen, dann erfaßt ihn solcher Schrecken, daß er im selben Augenblick zu Stein verwandelt wird."

„Und was hat dies alles mit deinem Wunsch zu tun?“ fragte Perseus, der atemlos der Erzählung gefolgt war. „Sag, was du haben willst, König Polydektes!“

„Das Haupt der Medusa!“ antwortete der König mit eiskalter Stimme.

Im Saal wurde es totenstill.

„Das Haupt der Medusa“ – flüsterte Perseus entsetzt.

König Polydektes sah ihn mit festem Blick an: „Du hast versprochen, herbeizuschaffen, was ich mir wünsche“, sagte er. „Ich wünsche mir das Haupt der Medusa. Nichts als das. Nun laß sehen, ob du zu deinem Wort stehst. Verlasse unsere Insel und wage ja nicht, dich hier zu zeigen, bevor du dein Versprechen erfüllt hast. Und noch etwas: Während du fort bist, wird deine Mutter meine Sklavin sein. Erst wenn ich das Haupt der Medusa habe, gebe ich sie wieder frei.“

Perseus hatte sein voreiliges Versprechen längst bereut. Er begriff, daß er überlistet worden war. Er sollte fort von der Insel, damit der König sich an Danae rächen konnte.

Bestürzt verließ Perseus den Palast und eilte heim. Er wollte von seiner Mutter Abschied nehmen, doch das Haus war leer. Er suchte überall, und schließlich fand er Danae im Tempel.

Als sie das verzweifelte Gesicht ihres Sohnes sah, schloß sie ihn in ihre Arme. „Ich weiß, warum du gekommen bist, und ich weiß auch, was geschehen ist. Polydektes will dich fort haben von hier. Er will, daß du sterben sollst...“

„Und dich will er zu seiner Sklavin machen“, flüsterte Perseus.

„Das dachte ich mir“, antwortete Danae, „und deshalb suchte ich Schutz hier im Tempel. Doch nun höre gut zu, Perseus! Wir haben wenig Zeit, und was ich dir zu sagen habe, ist sehr wichtig: Ich war im Gebet versunken und hörte plötzlich eine Stimme. Athene, die Göttin der Weisheit, sprach zu mir. Sie will uns helfen und leiht dir Schild und Schwert!“

„Athene leiht mir wirklich ihren Schild und auch ihr Schwert?“ staunte Perseus.

Danae hob einen großen, blinkenden Schild vom Altar und überreichte ihn ihrem Sohn.

„Doch höre weiter: Die Göttin ermahnt dich, vorsichtig zu sein, wenn du dich den Gorgonen näherst! Du darfst nicht einen einzigen Blick in ihre Richtung werfen. Halte den Schild stets so wie einen Spiegel. Auf seiner blanken Fläche kannst du gefahrlos Medusas Abbild sehen. So weißt du, wo sie sich befindet. Wenn du dies aber im Kampfgetümmel auch nur für einen Augenblick vergißt und sie direkt anschaust, wirst du zu Stein."

Perseus fürchtete sich nicht vor den Abenteuern, die ihn erwarteten – ihm konnte nichts geschehen, er hatte ja Athenes Schild! „Wo kann ich die Gorgonen finden?" fragte er ungeduldig.

Danae sah ihren Sohn ernst an: „Das zu erfahren, wird kein leichtes sein. Athene sagt, daß allein die Graien wissen, wo die Gorgonen hausen."

„Die Graien? Wer sind denn die?"

„Das sind Schwestern der Gorgonen", erklärte Danae. „Seit uralten Zeiten sitzen sie hoch oben im Norden und bewachen den Strand des Weltmeeres."

„Dann begebe ich mich eben zu ihnen und frage sie!" rief Perseus.

„Um dorthin zu kommen, muß man durch undurchdringliche Wälder und gefährliche Sümpfe. Damit du besser vorwärts kommst, leiht dir Hermes seine eigenen beflügelten Sandalen."

Danae gab ihm ein Paar Sandalen mit kleinen goldenen Flügeln an den Fersen.

„Hermes, der Götterbote, borgt mir seine Flügelschuhe?" Voller Begeisterung nahm Perseus die Sandalen und machte sich daran, sie anzuziehen.

Danae sah sein strahlendes Gesicht und mußte lächeln. „Da siehst du: die Götter wollen dir helfen!"

„Nun werde ich gleich das Fliegen probieren", rief Perseus. Er setzte schon zum Anlauf an, aber Danae hielt ihn zurück: „Halt, warte, du hast das Wichtigste vergessen!"

Sie ging zum Altar, holte ein prächtiges Schwert und reichte es Perseus. „Hier hast du Athenes Schwert. Wie denn sonst würde es dir möglich sein, dich durch alle Abenteuer durchzuschlagen?“

Perseus umarmte seine Mutter, nahm das Schwert, und mit Hilfe der beflügelten Sandalen erhob er sich wie ein Vogel in die Luft.

Nordwärts führte sein Weg. Bald hatte er Griechenland hinter sich gelassen, und die göttlichen Flügelschuhe trugen ihn immer weiter. Er flog über öde Weiten, wo die Sonne niemals scheint, über Landstriche, wo Dunkelheit und Nebel herrschen und kalte Winde über eisbedeckte Wasser fegen.

Schließlich wußte er gar nicht mehr, wie lange er schon unterwegs war. Nebel und Finsternis wurden immer dichter, und plötzlich war es ihm, als hörte er von weitem Gesang: einen eintönigen, eigentümlichen Gesang ohne Worte. Er steuerte auf die Stelle zu, von der die Laute kamen. Der Nebel lichtete sich, und ein blaßgelber Mond lugte hervor.

Perseus erblickte zwei zusammengekauerte Gestalten, die am Ufer eines zugefrorenen Meeres saßen und ihre eintönigen Lieder in den bleichen Mondschein sangen. Sie wirkten uralt. Und als Perseus näher kam, sah er, daß sie zusammen nur ein einziges Auge und einen einzigen Zahn besaßen, sodaß sie Auge und Zahn nur abwechselnd benutzen konnten.

Perseus flog hinunter und rief: „Bin ich hier richtig? Seid ihr die Graien?“

Die Schwestern hörten auf zu singen und begannen miteinander zu flüstern.

„Seid ihr die Graien?“ fragte Perseus noch einmal.

Ein Nicken der Schwestern war die Antwort, und eine von ihnen fragte: „Wer bist denn du?“

„Ich heiße Perseus und komme von Griechenland!“

„Schwester, gib mir das Auge, damit ich sehen kann, wie er ausschaut“, piepste die zweite Schwester.

„Dann mußt du mir den Zahn geben, damit ich beißen kann, wenn es sein muß“, murmelte die erste.

Für die beiden war das sichtlich ganz besonders lustig. Sie begannen zu kichern, sich gegenseitig anzustoßen, und schließlich schrien sie vor Lachen.

Perseus hatte alle Mühe der Welt, sich Gehör zu verschaffen: „Könnt ihr mir sagen, wo ich die Gorgonen finde?" rief er laut.

Da verstummten die Schwestern.

„Wer hat dir denn gesagt, daß wir das wissen?" fragte eine von ihnen mißtrauisch.

„Athene, die Göttin der Weisheit!" antwortete Perseus.

„Und wer soll das sein?" fragte die zweite und bohrte zerstreut in der Nase.

„Athene, die Tochter des Zeus! Wißt ihr nicht, wer das ist?" rief Perseus erstaunt.

„Diese jungen, neumodischen Götter, die die Welt jetzt regieren, kennen wir nicht", erklärte die erste barsch. „Wir zwei sind nie jung gewesen. Wir waren schon alt, als wir geboren wurden."

„Ich bitte euch, helft mir!" bat Perseus eindringlich. „Wißt ihr, wo die Gorgonen wohnen?"

„Das wissen wir wohl", kicherte die zweite Schwester.

„Aber wir denken nicht daran, es dir zu verraten", rief die erste und wandte Perseus den Rücken zu.

Die beiden begannen wieder zu kichern und miteinander zu wispern, und bald schien es, als hätten sie ganz vergessen, daß Perseus immer noch da war. Wiederum wechselten sie Zahn und Auge, aber gerade als sie von neuem tauschen wollten, schlich sich Perseus heran und schnappte Auge und Zahn.

Jetzt freilich konnte keine der beiden Schwestern sehen.

„Wo ist mein Auge hingekommen?" heulte die eine.

„Wo ist denn der Zahn?" jammerte die andere.

„Hier!" rief Perseus. „Ich habe alle beide!"

„Warte nur, du elender Kerl!" schrie die erste und tappte mit ihren Krallenhänden nach Perseus.

„Sagt mir, wie ich den Weg zu den Gorgonen finde, dann bekommt ihr euer Auge und euren Zahn zurück!" rief Perseus und sprang rasch zur Seite.

„Ha, jetzt hab ich dich erwischt!" schrie die eine der Graien. Sie hatte gerade die Haare ihrer Schwester zu fassen bekommen und riß mit aller Kraft daran.

„Au, au, laß mich los, du tust mir weh!“ heulte die zweite und versuchte vergebens loszukommen.

„Wenn ihr mir jetzt nicht sofort antwortet, verlasse ich euch, und ihr bekommt weder das Auge noch den Zahn zurück“, drohte Perseus.

„Nein, bleib!“ schrie die erste.

„Wir sagen es dir ja“, schnaubte die zweite. „Sag du es ihm, Schwester!“

„Zuerst mußt du dich zurück nach dem Süden begeben“, sagte die erste mürrisch, „und dann nach Westen, bis du zu einem hohen Berg kommst. Dort wohnt der Riese Atlas, der das Himmelsgewölbe auf seinen Schultern trägt. Von ihm wirst du das Weitere erfahren.“

Perseus lachte fröhlich: „Hier ist euer Auge, bitte schön, und hier habt ihr auch euren Zahn wieder. Habt Dank für eure Hilfe!“ rief er und erhob sich in die Luft.

Eine Weile noch war das zornige Gemurre der Schwestern zu hören, aber bald begannen sie von neuem ihr Spiel mit Auge und Zahn, und als Perseus davonschwebte, klang ihr eintöniger Gesang wieder über die schneebedeckten Weiten.

Perseus war froh, der öden Landschaft am Ende der Welt zu entkommen. So rasch ihn seine beflügelten Schuhe tragen konnten, flog er fort von Dunkelheit und Nebel, zurück, dem Sonnenlicht entgegen. Bald erblickte er den Berg, auf dem der Riese Atlas stand. Das mächtige Himmelsgewölbe ruhte auf seinen breiten Schultern.

Der Riese empfing ihn freundlich, doch als er von Perseus' Anliegen hörte, schüttelte er bekümmert den Kopf: „Ich kann dich nur warnen, Perseus! Gehe ja nicht zu den Gorgonen ohne einen Helm, der dich unsichtbar macht!“

„Aber woher soll ich den bekommen?“ fragte Perseus.

„Hades, der Gott der Unterwelt, besitzt einen solchen Helm“, antwortete Atlas. „Den hat er einmal bei mir gelassen. Geh zu der Truhe, dort, bei dem Pfeiler, und heb den Deckel ab!“

Perseus tat, wie ihm geheißen, und Atlas fuhr fort: „Dort liegt der Helm, siehst du ihn?“

„Ist es dieser da?“ fragte Perseus und hielt einen alten, rostigen Helm hoch. „Der schaut wahrhaftig nicht besonders aus.“

„Das vielleicht nicht“, antwortete der Riese und lächelte. „Aber setz ihn einmal auf und schau dann in den Spiegel deines Schildes, dann wirst du schon sehen...“

Perseus setzte den alten Helm auf – und im selben Augenblick verschwand sein Spiegelbild von der blanken Oberfläche des Schildes.

„Mein Spiegelbild! Es ist verschwunden!“ rief Perseus erstaunt und nahm den Helm wieder ab.

„Du wurdest unsichtbar. So einfach ist das“, lachte Atlas. „Doch schau jetzt nach, ob nicht auch ein alter Sack aus Leder in der Kiste liegt. Den sollst du auch mitnehmen!“

„Meinst du den da?“ fragte Perseus und hob einen alten zerschlissenen Ledersack aus der Kiste. „Was soll ich denn mit dem?“

„Wenn du Medusas Haupt abgeschlagen hast, darfst du keinen einzigen Blick darauf werfen. Steck es sofort in den Sack, dann kannst du es ohne Gefahr mitnehmen.“

„Daran hätte ich nicht gedacht!“ antwortete Perseus. „Wie soll ich dir nur für deine Hilfe danken...“

Atlas unterbrach ihn: „Ich denke nicht daran, dir umsonst zu helfen. Ich habe eine Bedingung.“

„Sag sie nur!“ rief Perseus.

Der alte Riese sah ihn ernst an, ehe er langsam weitersprach: „Du mußt hierher zurückkommen und mir Medusas Haupt zeigen. Versprich mir das!“

Perseus war zutiefst entsetzt: „Das kann ich nicht! Da wirst du doch zu Stein verwandelt!“

„Das gerade will ich“, versicherte Atlas. „Laß dir erklären: Ich bin es müde, hier zu stehen und in alle Ewigkeit das Himmelsgewölbe zu stützen. Ich bin alt und will endlich ausruhen. Nun, was ist, Perseus, versprichst du, mir das Medusenhaupt zu zeigen?“

„Das muß ich wohl“, seufzte Perseus.

„Gut, so setz den Helm auf und fliege wieder nordwärts,

aber biege dann nach Westen ab — dort wirst du finden, wonach du suchst.“

„Ich danke dir, Atlas!“ rief Perseus, erhob sich und verschwand in den Wolken.

„Und vergiß dein Versprechen nicht!“ rief ihm der alte Riese nach.

Abermals mußte Perseus in die Dunkelheit und in den Nebel zurück. Unter ihm schimmerten die brodelnden Sümpfe, und wenn er dem Boden zu nahe kam, konnte er das drohende Zischen von Schlangen hören.

Schließlich gelangte er ins Land der Hesperiden. Von weitem schon vernahm er das Geräusch der Flügelschläge und das unheimliche Klirren der schrecklichen Metallkrallen der Gorgonen.

Perseus hob den Schild. Er versuchte, sich den Gorgonen zu nähern, indem er rückwärts flog, den Rücken in die Richtung gewendet, aus der die grauenvollen Laute kamen. Plötzlich sah er Medusas Abbild im blanken Spiegel seines Schildes. Sie war fürchterlich anzuschauen, und Perseus umfaßte das Schwert noch fester. Er erhob sich höher in die Luft, um Medusa von oben anzufallen. Just als er das Peitschen ihrer Flügel hörte, stürzte er sich auf sie hinunter.

Doch er hatte sie verfehlt. Medusa war zu rasch gewesen. Perseus flog ein zweites Mal empor, und schon im nächsten Augenblick hörte er Medusas Flügelschlag. Schnell erhob er das Schwert – da geschah es: sein Arm streifte den Helm, der Tarnschutz glitt ihm vom Kopf.

Wildes Heulen pfiff durch die Luft. Medusa hatte ihn entdeckt. Mit rasender Geschwindigkeit kam sie näher.

„Jetzt helft mir, ihr Götter!“ rief Perseus und fuhr mit dem Arm durch die Schildschlaufe, bevor er sich nach unten stürzte. Mit seiner Linken packte er Medusas Haare – grauenhaft sich krümmende Schlangen –, und mit seiner Rechten trennte er durch einen einzigen Schlag von Athenes Schwert den Kopf vom Körper.

Jedoch die Schlangen lebten noch und ringelten sich zischend um Perseus' Arm. Von Grauen erfüllt, gelang es ihm schließlich, das Medusenhaupt mitsamt den Schlangenhaaren in den Ledersack zu stecken. Rasch schnürte er ihn zu.

Da erscholl ein gellendes Gekreische. Medusas Schwestern kamen angebraust, um sich zu rächen. Sie stürzten Perseus nach und verfolgten ihn über das Meer. Schon sah es aus, als würden sie ihn erwischen, denn mit ihren großen Lederflügeln beherrschten sie die Luft weitaus besser als er.

Verzweifelt versuchte Perseus den rasenden Gorgonen zu entkommen. Mit äußerster Anstrengung bemühte er sich, noch rascher zu fliegen, doch Müdigkeit überkam ihn, und er sank immer tiefer und tiefer der Meeresoberfläche zu.

Da entdeckte er, daß aus seinem Ledersack Blut tropfte, und als das Blut sich mit dem Schaum der Wogen vermischte, entstand daraus ein geflügeltes Pferd, das sich aus dem Meer erhob und mit seinen prachtvollen Flügeln das Wasser peitschte.

Es war das Pferd Pegasos, das in diesem Augenblick geboren wurde.

Als sich Perseus von seinem Staunen erholt hatte, sammelte er seine ganze Kraft, um das Pferd zu erreichen. In letzter Sekunde gelang es ihm, sich auf dessen Rücken zu schwingen.

„Flieg, Pegasos, flieg!“ rief Perseus.

Und Pegasos breitete seine Flügel aus. Mit einem frohen Wiehern erhob er sich in die Lüfte und flog rasch davon, fort von den greulichen Gorgonen, fort von Nebel und Finsternis im Land der Hesperiden, mitten hinein ins Sonnenlicht.

Endlich konnte Perseus aufatmen. Doch nun hatte er sein Versprechen an Atlas einzulösen.

Auf Pegasos' Rücken kehrte er zu dem müden alten Riesen zurück, der da auf seinem Berg stand und das Himmelsgewölbe stützte.

Als Atlas die brausenden Flügelschläge des Pegasos hörte, schaute er auf und rief: „Willkommen, Perseus! Ich danke dir, daß du dein Versprechen nicht vergessen hast. Nun, mach deinen Sack auf und zeige mir das Haupt der Medusa!“

„Wirst du es auch nicht bereuen?“ fragte Perseus.

„Nein“, antwortete Atlas. „Laß mich zu Stein werden. Seit Tausenden von Jahren habe ich auf meine Erlösung gewartet. Ich flehe dich an, laß mich endlich zur Ruhe kommen!“

Da knüpfte Perseus den Sack auf, und mit abgewandtem Gesicht hielt er das schreckliche Medusenhaupt empor und zeigte es Atlas.

Im nächsten Augenblick war ein langgedehnter Seufzer zu vernehmen, gleich darauf ein eigentümlich dumpfes Rollen, wie bei einem Erdrutsch, und noch bevor Perseus weiterflog, konnte er sehen, daß der Riese Atlas zu einer mächtigen Bergkette verwandelt worden war. Und auf dem höchsten Gipfel ruhte nun das Himmelsgewölbe.

Das Pferd Pegasos

„Vielleicht habt ihr schon von dieser Bergkette gehört“, sagte Onkel Martin. „Sie liegt in Nordafrika und heißt auch heute noch Atlasgebirge.“

„Ja freilich, das haben wir in Geographie gelernt“, bestätigte Jan.

„Stellt euch vor, wenn unser Aussichtsberg hier auch einmal ein Riese gewesen ist!“ rief Kristoffer begeistert und tätschelte den Stein, auf dem er saß. „Das wär doch lustig, nicht?“

„Schaut einmal, der Perseus ist gewandert!“ rief Jenny. „Jetzt steht er viel höher.“

„Wir sind ja fast eine Stunde hier gesessen, da merkt man schon, daß die Sterne wandern. Oder, besser gesagt: daß die Erde sich bewegt.“

„Hat dieses tolle Pferd mit Flügeln auch ein Sternbild?“ wollte Kristoffer wissen.

„Ja sicher, auch den Pegasos gibt es dort oben am Himmel“, sagte der Onkel und zeigte nach Südosten. „Dort, genau über der alten Föhre, kann man vier Sterne sehen. Sie bilden ein großes Viereck. Und dieses Viereck ist der Sattel des Pegasos.“

„Nur den Sattel kann man sehen?“ fragte Kristoffer enttäuscht.

„Auch Kopf, Hals und Vorderbeine sind zu sehen“, tröstete ihn der Onkel. „Aber hier, bei uns, liegt der Pegasos immer auf dem Rücken. Man muß schon weit nach Süden fahren, um ihn richtig zu sehen, also mit den Hufen nach unten. Übrigens erzählt eine Sage, daß Pegasos einmal so gewaltig herumgesprungen sein soll und die Hufe so stark in den Boden geschlagen habe, daß ein großes Loch entstanden ist. Und aus diesem

Sternbild „Pegasus“ – gut sichtbar am 1.8.22 Uhr, 15.8.21 Uhr, 1.9.20 Uhr, 15.7.23 Uhr – nach Osten

Loch sprudelte dann eine Quelle, der man den Namen Hypokrene gab. Später wurde dann behauptet, daß demjenigen, der aus dieser Quelle trinkt, die Gabe der Dichtkunst zuteil werde."

„Was hat denn das zu bedeuten?" fragte Kristoffer.

„Daß man dann unendlich gute Geschichten erfinden kann!" erklärte Jan.

„Du meinst, wie unser Onkel Martin!"

Der Onkel lachte. „All diese Geschichten hab doch nicht ich erfunden. Sie sind viele tausend Jahre alt."

Onkel Martin stand auf. „Kommt jetzt, es wird schon kühl. Höchste Zeit, daß wir ins Haus gehen!"

„Aber du erzählst uns doch noch den Schluß", bettelte Kristoffer. „Wir wollen ja wissen, was dieser ekelhafte König sagt, wenn der Perseus ihm den Medusenkopf bringt."

„Wenn ihr wollt, so erzähl ich euch das morgen", versprach der Onkel.

„Klar wollen wir", sagte Jan. „Ist ja wirklich spannend, was da alles los ist bei den Sternen."

Fast wie im Kino

„Um Himmels willen, was hast du denn mit diesen vielen Decken vor?“ fragte Jan, als Kristoffer am nächsten Abend eine Unmenge Decken in die Veranda schleppte. „Willst du ein Zelt bauen?“

„Das ist, damit wir nicht frieren müssen“, erklärte Kristoffer würdevoll und umfaßte die Decken mit sicherem Griff.

„Werden wir heute wieder auf den Aussichtsberg gehen?“ fragte Jenny.

„Ja, wenn ihr wollt“, antwortete der Onkel.

„Aber ein Stück von der Milchstraße sieht man auch von der Veranda hier“, sagte Jenny und beugte sich über das Geländer. „Schau, da ist Perseus! Heut hab ich sein Sternbild gleich gefunden!“

„Und dort ist dieser Sattel mit Flügeln“, witzelte Jan.

„Das ist ein Pferd mit Flügeln“, berichtigte ihn Kristoffer, „und außerdem heißt es Pegasos.“

„Ganz richtig!“ sagte der Onkel.

„Können wir nicht hier auf der Veranda bleiben?“ bettelte Jenny. „Bergsteigen in der Finsternis ist doch so mühsam.“

„Ich will aber auf den Berg hinauf“, erklärte Kristoffer bestimmt.

„Doch, Jenny hat recht, man sieht wirklich auch von hier recht gut. Ich glaube, wir können alle Sternbilder sehen, von denen wir heute sprechen werden.“

„Wir ziehen die Sessel ganz zum Verandageländer“, schlug Jenny vor und stellte die Stühle in eine Reihe. „Wenn wir uns jetzt nebeneinander setzen, ist es fast wie im Kino!“

„Geh, sei nicht so kindisch“, seufzte Jan.

„Wieso bin ich kindisch? Onkel Martin hat doch gesagt, daß der Himmel wie eine große Leinwand ist, auf der die

Sternbilder Theater spielen. Und in früheren Zeiten haben die Menschen zum Himmel geschaut und Geschichten erfunden, genauso, wie wenn wir heute ins Kino gehen oder wenn wir fernsehen."

„Richtig", sagte der Onkel und setzte sich auf einen der Sessel. „Setzt euch auch nieder und schlüpft in eure Decken, dann können wir beginnen."

„Und wohin geben wir die Sternenkarte?" fragte Jan.

„Leg sie auf den Tisch da hinten, und die Taschenlampe auch."

Kristoffer zog sich die Decke bis zum Kinn. „Fängst du jetzt an, Onkel? Wie ist es denn mit Perseus weitergegangen?"

„Das werdet ihr bald erfahren", versprach der Onkel. „Aber vorher schauen wir uns noch ein anderes Sternbild an. Ihr seht doch Perseus, da oben in der Milchstraße, nicht wahr? Und ein Stück über ihm sieht man ein klares und deutliches Sternbild, das wie ein M ausschaut, wenn man den Kopf ein wenig auf die eine Seite dreht, und wie ein W, wenn man den Kopf andersherum dreht."

„Ich seh es, ich seh es!" rief Kristoffer. „Und was ist das für ein Sternbild?"

„Das ist die Kassiopeia."

„Was für ein schöner Name!" stellte Jenny fest.

„Kassiopeia liegt so nahe beim Polarstern, daß wir dieses Sternbild hier in Schweden immer sehen können", fuhr der Onkel fort.

„Die Sage berichtet, daß Kassiopeia eine sehr prahlerische und hochmütige Königin war, die die Götter für ihre Eitelkeit bestraften. Sie wurde am Himmel in einen Schaukelstuhl gesetzt, der ständig um den Polarstern kreist. Manchmal sitzt sie aufrecht, wie ein W, und manchmal hängt sie mit dem Kopf nach unten, wie ein M."

„Und jetzt hängt sie gerade ein bißchen schief", sagte Jan und lachte.

„Wieso war denn diese Königin so eingebildet?" wollte Kristoffer wissen.

„Vielleicht, weil alle gesagt haben, daß sie so schön ist."

„Und war sie das?“ fragte Jenny neugierig.
„Und ob sie das war“, sagte Onkel Martin, und er begann, von Kassiopeia zu erzählen.

Die hochmütige Königin

Kassiopeia war die Frau von König Kepheus, der über Äthiopien herrschte. Die beiden hatten eine einzige Tochter, die sie über alles liebten. Ihr Name war Andromeda.

Eines Tages fand die Königin ihre Tochter unten am Strand; dort stand sie und blickte über das Meer hinaus.

„Was machst du hier?“ fragte die Königin.

„Ich lausche dem Gesang vom Meer“, antwortete Andromeda mit einem verzückten Lächeln. „Das müssen die Nereiden, die Seejungfrauen sein, die da singen!“

Aber Kassiopeia wollte nichts von den Nereiden wissen. „Was man da hört, ist nichts anderes als das Meer.“

„Nein, Mutter, so hör doch, da sind auch Stimmen! Ach, wenn ich nur ein einziges Mal die Nereiden sehen könnte!“

Kassiopeia zog die Augenbrauen hoch: „Warum denn das?“ fragte sie kurz.

„Weil sie so schön sind! Alle sagen das. – Sie haben dunkle Augen und veilchenblaue Locken und sind viel schöner als irgendeine Frau hier auf Erden.“

„Das ist eine Lüge!“ rief Kassiopeia und streckte ihre Arme aus, daß all ihr Schmuck nur so klirrte. „Sieh *mich* an! Ich bin eine irdische Frau, und ich bin mindestens so schön wie diese Meerestöchter!“

„Mutter! Sei vorsichtig!“ rief Andromeda erschrocken.

Aber es war zu spät. Der Gesang vom Meer war mit einem Schlag verstummt.

„Vielleicht haben sie uns gehört?“ flüsterte Andromeda.

Sternbild „Kassiopeia“ – gut sichtbar am 1.5. 22 Uhr, 15.5. 21 Uhr – nach Westen

„Stell dir vor, wenn du die Nereiden mit deinen höhnischen Worten traurig gemacht oder gar beleidigt hast!"

„Na, wenn schon", antwortete Kassiopeia übermütig und ließ ihren dünnen Schleier im Wind flattern. „Was kümmert mich das?"

„Sei doch still! Der Meeresgott Poseidon kann dich hören. Mutter, sag sofort, daß du deine Worte bereust!" flehte Andromeda.

„Das fällt mir gar nicht ein!" rief Kassiopeia. „Poseidon kann gerne erfahren, daß ich, Kassiopeia, Königin von Äthiopien, schöner bin als alle Töchter des Meeres!"

Kaum waren Kassiopeias hochmütige Worte verklungen, da hörte man vom Meer her ein fernes Donnern.

„Was ist das?" flüsterte Andromeda erschrocken.

„Eine Riesenwoge, eine Sturmflut!" rief Kassiopeia entsetzt. „Und sie kommt näher! Rasch, wir müssen weg vom Strand!"

Aber Andromeda blieb stehen und starrte wie gebannt aufs Meer hinaus.

„Da ist noch etwas", flüsterte sie schreckensbleich, „jetzt steigt es aus dem Wasser." Plötzlich schrie sie auf: „Mutter, schau doch!"

Ein Kopf erhob sich aus dem Meer. Ein grausiger, widerlicher Kopf, bedeckt von triefendem Seegras. Es war ein Monster, ein schauerliches Meeresungeheuer, das sich aus des Meeres Tiefe erhob und das die Wogen, die sich mit drohendem Donnern dem Ufer näherten, haushoch aufpeitschen ließ.

„Wir müssen in die Burg hinauf!" rief Kassiopeia außer sich.

Aber Andromeda hörte nicht auf sie. Verzweifelt zeigte sie auf ein Fischerboot, das von den mächtigen Wellen hin und her geworfen wurde.

„Die armen Männer kämpfen um ihr Leben! Kann ihnen denn niemand helfen?" rief sie.

„Schau nicht hin!" Die Königin packte ihre Tochter am Arm, um sie mit Gewalt wegzuziehen.

„Laß mich!" rief Andromeda. „Schau, wie das Ungeheuer,

dieses Monster, mit seinem Schwanz das Wasser aufpeitscht! Es kommt zum Fischerboot – sie müssen sich beeilen! Sie müssen ..."

Da erreichte sie vom Meer her ein Schrei des Entsetzens.

Andromeda schlug die Hände vors Gesicht und begann zu weinen. „Das Untier hat sie in die Tiefe gezogen", schluchzte sie. „Die armen Männer!"

„Wir müssen weg", drängte Kassiopeia. „Die Sturmflut wälzt sich immer näher – sie wird das ganze Land ertränken!"

„Und das ist deine Schuld!" rief Andromeda. „Du hast Poseidon mit deinem Spott gereizt. Jetzt rächt er sich und peitscht in seinem Zorn das Meer mit seinem Dreizack. Und andere Menschen müssen deinetwegen leiden."

„Ich bin verzweifelt, glaub mir!" rief die Königin mit Tränen in den Augen.

Durch das Dröhnen der Sturmflut drang eine Stimme: „Kassiopeia! Andromeda!"

Es war Kepheus, der König, der verzweifelt nach seiner Frau und seiner Tochter suchte. Er streckte ihnen seinen Arm entgegen, und im letzten Augenblick gelang es ihm, die Seinen auf einen rettenden Felsen hinaufzuziehen. In der nächsten Sekunde brach die Sturmflut mit gewaltigem Getöse über den Strand herein und ertränkte alles, was ihr in den Weg kam.

Die Rache des Meeresgottes

Zu Tode erschrocken flohen die Landesbewohner hinauf in die Berge, um sich vor der Überschwemmung zu retten. Viele aber wurden ein Opfer des fürchterlichen Monsters, das im Morgengrauen aus dem Meer kroch, um Menschen und Tiere zu verschlingen.

Niemand wußte, wie man das Untier vertreiben könnte, und in seiner Verzweiflung unternahm König Kepheus eine Wallfahrt zum Tempel in Ammon, wo es Priester gab, die in die Zukunft schauen konnten. Diese Priester wurden Orakel genannt; von ihnen wollte der König nun erfahren, was er machen müsse, um die Meeresgötter zu besänftigen, damit sein Land gerettet werde.

Die Antwort des Orakels war so fürchterlich, daß des Königs Herz von Schrecken und Verzweiflung erfüllt war, als er sich auf den Heimweg machte. Sorgenvoll kehrte er zu seiner Burg zurück. Kaum hatte er den Saal betreten, da eilte ihm Andromeda, die voll Ungeduld auf ihren Vater gewartet hatte, entgegen.

„Was hast du erfahren, Vater? Was können wir tun, um die Meeresgötter zu beschwichtigen? Wie lautet der Orakelspruch?"

König Kepheus senkte den Kopf. Er konnte nicht in die Augen seiner Tochter schauen.

Andromeda sah ihn verwundert an. „Du schweigst? Hast du keine Antwort bekommen?"

„Ich wünschte, es wäre so gewesen", erklärte der König. „Aber die Antwort war klar und deutlich."

„So sag doch schon!"

Sternbild „Andromeda" – gut sichtbar am 1.2.22 Uhr, 15.2.21 Uhr, 1.3.20 Uhr – nach Westen

„Das Orakel sagte, daß das Land nur gerettet werden kann, wenn wir, deine Mutter und ich ..."

„Wenn ihr – na, was denn? Sprich weiter, Vater!"

Aber König Kepheus schüttelte nur den Kopf.

Kassiopeia, die mit wachsender Unruhe dem Gespräch zugehört hatte, ging auf ihren Mann zu. „Laß uns nicht länger in Ungewißheit", bat sie. „Die Meeresgötter fordern ein Opfer von uns, das ist mir klar. So sag doch endlich, was sie von uns wollen!"

Der König seufzte tief: „Sie fordern, daß wir diesem Meeresungeheuer unsere einzige Tochter opfern."

Es wurde totenstill im Saal. Entsetzt starrte Kassiopeia ihren Gemahl an. Sie griff nach seiner Hand: „Das mußt du falsch verstanden haben! Die Antwort des Orakels ist ja oft geheimnisvoll und schwer zu deuten."

„Diesmal war die Antwort klar und unerbittlich", erklärte König Kepheus. „Vergeblich erbot ich mich, alle meine Reichtümer, ja mein eigenes Leben dem Meeresgott zu opfern – die Antwort blieb immer die gleiche."

„Soll jemand hier geopfert werden, dann ich!" rief Kassiopeia. „Ich habe mit meiner törichten Prahlerei Poseidon gereizt, ich bin die Schuldige und niemand anders. Mich opfere dem Monster!"

Der König schüttelte den Kopf und sah seine Frau tief besorgt an: „Du genügst ihm nicht. Poseidon fordert, daß wir das Liebste, das wir haben, opfern. Und unser Liebstes ist Andromeda."

Einen Augenblick herrschte tiefes Schweigen. Doch dann drang plötzlich bedrohliches Stimmengemurmel bis hinauf in den Königssaal. Andromeda ging zum Fenster. Vor den Mauern des Palastes hatte sich eine große Menschenmenge versammelt.

„Was wollen die vielen Leute?" fragte sie ängstlich.

„Sicher wissen sie schon vom Spruch des Orakels", antwortete der König. „Sie erwarten von uns, daß wir das Land retten und das geforderte Opfer darbringen."

Andromeda sah den Vater entgeistert an: „So wollen sie, daß ich sterbe?" flüsterte sie.

Der König streichelte ihre Wangen. „Sie sind dir nicht böse gesinnt“, antwortete er. „Doch bedenke ihre Verzweiflung! Tag für Tag holt sich das Ungeheuer ein Opfer aus ihren Reihen.“

„Und was geschieht, wenn du dich weigerst, mich zu opfern?“

„Dann geht unser Land zugrunde“, antwortete der König. „Kein Fischer kann in sein Boot steigen, die Überschwemmung spült die Erde ins Meer hinaus, sie ertränkt Mensch und Tier, und das Monster wütet weiter.“

„Und wenn ich geopfert werde?“ fragte Andromeda.

„Dann verschwindet das Ungeheuer für immer in der Tiefe – so lautet das Orakel.“

„Aber dein eigenes Kind zu opfern – das kann niemand von dir verlangen!“ rief Kassiopeia. „Du mußt um das Leben deiner Tochter kämpfen!“

„Gegen unser eigenes Volk, das nichts Böses getan hat?“ rief Andromeda. „Nein, das will ich nicht! Macht, was das Orakel fordert! Opfert mich! Aber Vater, um eines bitte ich dich: Laß mich an einen Felsen am Meeresstrand festketten, damit ich nicht fliehen kann, wenn das Ungeheuer kommt. Und beeil dich, laß alles rasch geschehen, bevor ich noch den Mut verliere!“

Andromeda und das Meeresungeheuer

In der Morgendämmerung führte König Kepheus seine Tochter zum Strand hinunter, wo einige Männer dabei waren, schwere Kupferketten an eine Felswand zu hämmern. Sorgenschweren Herzens gab der König den Männern das Zeichen, seine Tochter anzuketten, und Andromeda streckte wortlos ihre Arme aus. Als die Männer ihre Arbeit beendet hatten, entfernten sie sich schweigend, und Andromeda blieb allein mit ihren Eltern zurück.

„Bitte, geht auch ihr", flüsterte sie. „Abschied nehmen ist so schwer!"

„Aber ich will bei dir bleiben!" rief Kassiopeia.

„Nein Mutter, bitte, geh jetzt!"

Die unglücklichen Eltern nahmen Abschied von ihrer Tochter, gingen hinauf auf die nahen Felsklippen und warteten.

Andromeda schaute aufs Meer hinaus. Das Wasser hatte sich zurückgezogen und lag nun ruhig, still und glatt wie Seide da. Zu ihren Füßen zwitscherte ein kleiner Vogel, der im Sand nach Insekten suchte. Andromeda sah den Vogel an, und seine Gesellschaft tröstete sie.

„Komm näher, du kleiner Vogel", flüsterte sie.

Der Vogel legte den Kopf zur Seite und sah sie mit klugen Augen an. Dann hüpfte er näher, flog auf und setzte sich auf ihre festgekettete Hand.

Andromeda lächelte traurig. „Du wunderst dich wohl, daß ich hier stehe", sagte sie leise. „Du lieber, kleiner Vogel du, wenn du wüßtest, wie grenzenlos mein Bangen ist! Dir kann

Sternbild „Cetus" – gut sichtbar am 1.12.22 Uhr, 15.12.21 Uhr, 1.1.20 Uhr, 15.1.19 Uhr – nach Süden

ich es ja erzählen. Bleib bitte bei mir, dann habe ich jemanden, mit dem ich reden kann."

Der Vogel zwitscherte freundlich, so, als hätte er alles, was er gehört hatte, auch verstanden.

„Ich verspreche dir auch, ganz still zu stehen, um dich nicht zu erschrecken!" flüsterte Andromeda.

Da erhob sich plötzlich ein dumpfes, brausendes Geräusch. Angsterfüllt schloß Andromeda die Augen.

Das ist das Ungeheuer, dachte sie mit pochendem Herzen. Jetzt kommt es. Ich getraue mich nicht, ihm entgegenzuschauen. Ich mache die Augen zu. Vielleicht glaubt das Monster dann, ich sei tot, und verschont mich.

Das Brausen verstummte, statt dessen hörte sie vom Strand her ein scharrendes Geräusch, so als ob sich etwas Großes bewegen würde.

Jetzt kommt es, dachte Andromeda wieder und hielt den Atem an. Plötzlich fühlte sie, wie etwas ihren Arm berührte. Vor Schreck schrie sie auf und öffnete die Augen.

Da stand ein junger Mann vor ihr, ebenso erschrocken wie sie selbst. Einen Augenblick starrten sie einander an.

„Verzeih, verzeih mir, daß ich dich erschreckt habe", stammelte er.

„Wer bist du?" hauchte Andromeda.

„Ich heiße Perseus. Verzeih, daß ich dich berührt habe", sagte er mit einem verlegenen Lächeln. „Ich wußte nicht, daß du lebendig bist. Ich habe dich von oben, aus der Luft, gesehen, und weil du dich nicht bewegt hast, dachte ich, du seist eine Statue, von einem Künstler geschaffen. Und da ich noch nie etwas so Schönes gesehen habe, lenkte ich mein Pferd hierher zum Strand, um die Statue aus der Nähe zu bewundern. Doch als ich näher kam, wirkte sie so lebendig, daß ich sie einfach berühren mußte. – Du sagst nichts, bist du mir deswegen böse?" fragte er bestürzt.

„Nicht böse, aber verwirrt", antwortete Andromeda, die sich noch immer nicht von ihrem Schreck erholt hatte.

Im selben Augenblick war vom Ufer her heftiges Flügelschlagen und ungeduldiges Wiehern zu hören. Es kam vom

Pferd Pegasos, dem das Warten zu lang geworden war. Jetzt breitete er seine Flügel aus und erhob sich in die Luft.

„Leb wohl, Pegasos!“ rief Perseus. „Hab Dank für deine Hilfe!“

Pegasos wieherte einen letzten Abschiedsgruß, machte noch eine Runde über dem Strand und flog dann nach Osten, der aufgehenden Sonne entgegen.

„Ein Pferd mit Flügeln?“ rief Andromeda erstaunt. „Ich habe nicht gewußt, daß es so etwas gibt!“

„Auf ihm bin ich hergeflogen“, erklärte Perseus. „Ich begegnete ihm im Meer, am Ende der Welt. Er war meine Rettung, als sich die Gorgonen rächen wollten, weil ich ihrer Schwester Medusa den Kopf abgeschlagen hatte. Und ich...“

„Du hast Medusa getötet?“ unterbrach ihn Andromeda.

„Ich hatte den Auftrag bekommen, Medusas Haupt zu holen. Hier ist es – in diesem Sack! Hab keine Angst, ich werde ihn nicht aufmachen“, sagte er beruhigend.

Trotzdem schreckte Andromeda vor dem blutigen Bündel zurück, und da entdeckte Perseus ihre Ketten.

„Du bist angekettet?" rief er entsetzt. „Laß mich die Ketten losreißen!"

„Nein, rühr sie nicht an! Ich habe selbst verlangt, angekettet zu werden."

„Warum denn das?"

„Damit ich nicht fliehen kann, wenn das Ungeheuer kommt."

„Was für ein Ungeheuer?"

„Ein widerwärtiges Monster, ihm muß ich geopfert werden, um unser Land zu retten. Und bitte geh jetzt! – Schon im nächsten Augenblick kann das grauenvolle Untier aus dem Meer auftauchen!"

„Ich denke nicht daran zu gehen!" rief Perseus. „Ich werde hier bleiben und gegen das Ungetüm kämpfen!"

„Das haben schon viele versucht, alle haben mit dem Leben bezahlen müssen. Warum willst auch du sterben? Ich bitte dich, geh weg, solange noch Zeit ist!"

„Aber ich will nicht, daß du geopfert wirst!" sagte Perseus entschlossen.

Und als ihn Andromeda verwundert anschaute, fuhr er fort: „Noch nie bin ich jemandem begegnet, dem ich vom ersten Augenblick an so zugetan war. Und deshalb will ich für dich kämpfen. Laß es mich tun!" bat er flehentlich. „Und wenn es mir gelingt, das Ungeheuer zu besiegen, könntest du dir dann vorstellen, mir in mein Heimatland zu folgen, und meine Frau zu werden?"

Andromeda sah den Fremdling an, und ihr Herz wurde von Vertrauen und Liebe erfüllt.

„Ich würde dir folgen, wohin du willst", antwortete sie. „Doch bitte ich dich, rufe meinen Vater und verlange seine Zustimmung, ehe das Ungeheuer kommt. Denn wenn es dir gelingen sollte, das Monster zu töten, und du erst dann um meine Hand anhältst, könnte es geschehen, daß er zögert, seine Tochter einem Fremden zu geben."

Plötzlich hörte man vom Meer her ein Donnern, und himmelhoch aufschäumend erhoben sich die Wogen. Aus der dunkelgrünen Tiefe tauchte ein riesiges, abscheuliches Wesen

auf, ganz mit Seegras überdeckt, stinkend nach verwestem Tang und Schlamm.

„Da kommt das Monster!“ rief Andromeda. „Schau, dort draußen taucht es auf und peitscht das Wasser mit seinem gewaltigen Schwanz.“

Doch Perseus ließ sich nicht beunruhigen. Er sah zu den Klippen hinauf und rief: „König Kepheus!“

„Wer ruft nach mir?“ ertönte des Königs Stimme. Gleich darauf erschien er selbst, gefolgt von Kassiopeia.

„Ich heiße Perseus, ich will für deine Tochter kämpfen und das Untier töten!“ schrie Perseus laut, um das Donnern des Meeres zu übertönen. „Versprich mir, daß ich sie zur Frau bekomme, wenn ich den Kampf bestehe!“

„Das verspreche ich gerne!“ rief der König.

Mit einem bösartigen Grölen wälzte sich das Ungeheuer bereits dem Strand zu, um sich auf Andromeda zu stürzen. Perseus zog rasch sein Schwert, und mit Hilfe der beflügelten Sandalen erhob er sich in die Luft und steuerte geradewegs auf das Monster zu.

„Oh, ihr Götter! Das Ungeheuer greift an!“ rief Andromeda schreckerfüllt.

„Aber Perseus ist ihm entkommen!“ rief der König. „Er erhebt sich in die Luft und jetzt, jetzt stürzt er sich von oben auf das Untier. Schaut, er steht auf seinem Rücken, hebt das Schwert – da, da! Er hat es voll getroffen!“

„Doch seht! Das Monster windet sich und holt mit seinem langen Schweif zu einem Todesschlag aus! Perseus ist verloren!“ schrie Andromeda.

Vom Schlag betäubt, verschwand Perseus im wirbelnden Wasser.

„Schaut nur“, rief der König, „dort taucht er wieder auf, dort, auf dem Felsen, der sich aus dem Meer erhebt!“

Der König hatte recht: Perseus war es geglückt, auf einem Felsenvorsprung Halt zu finden. Er klammerte sich mit einem Arm fest, mit dem anderen erhob er von neuem das Schwert.

Das Ungeheuer erblickte ihn wieder und warf sich mit weitgeöffnetem Rachen auf Perseus. In letzter Sekunde gelang es dem Helden, mit dem Schwert zuzustoßen – Blut sprudelte aus der Wunde, und das Untier versank im Meer.

„Macht die Augen zu!“ rief Perseus zum Ufer hin und begann, seinen Ledersack aufzuschnüren.

„Warum sollen wir die Augen schließen?“ wunderte sich der König.

„Tut, was er sagt!“ rief Andromeda und schloß die Augen.

Schon hörte man wieder ein fürchterliches Grölen, das Monster hatte neue Kräfte gesammelt und tauchte abermals aus den Fluten, um Perseus zu verschlingen.

„Jetzt schau her, du Ungeheuer!“ hörte man Perseus rufen, und im nächsten Augenblick hatte sich das Grölen des Monsters in ein heiseres Röcheln verwandelt, das den ganzen Strand erzittern ließ. Dann wurde es still.

Nach einigen atemlosen Sekunden näherte sich das schwirrende Geräusch von Perseus' beflügelten Sandalen.

„Jetzt könnt ihr die Augen aufmachen!“ rief er. „Der Sack ist wieder zugeschnürt!“

König Kepheus öffnete die Augen und schaute verwundert

auf den alten, abgenützten Ledersack, den sich Perseus über die Schulter warf.

„Der Sack“, fragte der König, „was hast du in dem Sack?“

„Das Haupt der Medusa!“ erklärte Andromeda stolz.

„Oh, ihr Götter!“ rief die Königin, und wich erschrocken zurück.

„Und wo ist das Seeungeheuer? Was ist aus ihm geworden?“ wollte der König wissen.

Perseus zeigte auf einen Felsrücken, der aus dem Wasser ragte.

„Das ist das einzige, was von dem Ungeheuer übrig geblieben ist. Im selben Augenblick, da es Medusas Haupt erblickte, erstarrte es zu Stein!“

König Kepheus half seiner Königin, die Felsen zum Strand hinunterzusteigen.

Perseus ging auf Andromeda zu: „Darf ich jetzt deine Ketten lösen?“

„Das darfst du“, sagte Andromeda lächelnd.

Und als Perseus mit einem gewaltigen Ruck die Ketten aus dem Felsen gerissen hatte, schlang sie die Arme liebevoll um seinen Hals – gerade als ihre Eltern unten am Strand auftauchten.

„König Kepheus!“ rief Perseus, „stehst du zu deinem Wort?“

„Alles, was mein ist, ist auch dein“, antwortete der König. Glücklich lächelnd sah er seine Tochter an. „Und wenn Andromeda selbst will ...“

„Ob ich will“, unterbrach ihn Andromeda, „was für eine Frage, Vater! Ich bin bereit, Perseus bis ans Ende der Welt zu folgen, und zwar augenblicklich, wenn er es so wünscht!“

„Nicht so eilig!“ rief die Königin lachend. „Zuerst einmal soll Hochzeit sein!“

„Schaut“, rief König Kepheus, „da kommen die Leute aus den Bergen zurück, sie winken uns zu. Jetzt sind sie wieder froh und glücklich!“

Und als die Mannen des Königs auf den Felsklippen auftauchten, rief er: „Macht die Pforten des Palastes auf! Öffnet die goldenen Säle! Alle sollen heute dabei sein und mit uns das Hochzeitsfest von Andromeda und Perseus feiern!“

Unter dem Jubel der Fanfaren wurden Perseus und seine Braut hinauf in den Palast geleitet.

Das Haupt der Medusa

Es wurde eine prunkvolle Hochzeit, die viele Tage dauerte. Doch Perseus mußte immer wieder an seine Mutter denken. Wie mochte es ihr wohl ergehen? War sie noch immer die Gefangene des grausamen Polydektes?

Sobald das Fest vorüber war, beschloß er, mit seiner jungen Frau heimzureisen. König Kepheus ließ ein prachtvolles Schiff ausstatten, und als es fertig war, segelten sie los. Auf der langen Reise hatte Perseus genug Zeit, Andromeda seine ganze Lebensgeschichte zu erzählen.

Als das Schiff endlich an der Felsenküste von Seriphos landete, eilte Perseus sogleich zur Fischerhütte. Aber seine Mutter war nicht da. Sie und auch der Fischer Diktys waren verschwunden.

Da begab sich Perseus zum Königspalast. Im großen Festsaal fand er den König mit seinen Freunden.

„König Polydektes!“ rief Perseus. „Wo ist meine Mutter?“

Im Saal wurde es totenstill, und aller Blicke richteten sich auf Perseus. Fassungslos starrte ihn Polydektes an. Doch dann verzog er den Mund zu einem höhnischen Grinsen.

„Nein, was seh’ ich da! Das ist doch Perseus!“ rief er aus. „Hast du dich endlich aus deinem Versteck herausgewagt, du feige Memme?“

Die Gäste des Königs brachen in Gelächter aus – doch Perseus wiederholte seine Frage: „Wo ist meine Mutter?“

„Deine Mutter hat sich im Tempel versteckt. Sie schämt sich wohl ihres Sohnes, der erst lang und breit verkündet, was er alles tun werde und sich dann wie ein Angsthase verkriecht!“

Wiederum brachen die Gäste in schallendes Gelächter aus. Perseus mußte seine Stimme erheben, als er fragte: „Und wo ist Diktys?“

„Nenne nicht seinen Namen!“ schrie Polydektes zornig. „Diesen elenden Kerl habe ich ins Gefängnis werfen lassen!“

„Ihn? Deinen eigenen Bruder?“

„Er hat versucht, Danae heimlich Essen und Trinken zuzuschmuggeln – ich hatte das verboten, und das wußte er!“

„Meine Mutter sollte also verhungern“, sagte Perseus und blickte dem König fest in die Augen.

„Es steht ihr frei, den Tempel zu verlassen“, antwortete Polydektes mit einem hämischen Lächeln.

„.... und deine Sklavin zu werden“, setzte Perseus fort. „So hast du dir das wohl ausgerechnet!“

„So war es zwischen uns ausgemacht, wenn du dein Versprechen nicht hältst, mir das Haupt der Medusa zu bringen.“

„Und wer sagt, daß ich es *nicht* gebracht habe?“

Der König zuckte zusammen. Dann aber lachte er laut auf: „Du? Du solltest das Medusenhaupt geholt haben? Ja, wo hast du es denn?“

„Hier, in diesem Sack“, erklärte Perseus und hob den alten Lederbeutel hoch.

Die Gäste sahen einander ängstlich an. Doch der König musterte den Sack nur voll Verachtung.

„Und das willst du uns glauben machen? Nun, so öffne deinen Sack und zeige uns das Haupt der Medusa!“

„Du weißt aber, was dann geschieht“, warnte Perseus. „Du wirst zu Stein verwandelt, du und auch alle anderen hier im Saal.“

Der König erhob seinen Weinbecher, wandte sich seinen Gästen zu und rief: „Das hat er sich nur ausgedacht, damit er uns nicht zeigen muß, was er da in seinen Sack gestopft hat!“

Polydektes trank seinen Becher leer und wandte sich wieder Perseus zu: „Aber ich, siehst du, ich riskiere es: Mach ihn auf, deinen Sack, zeig uns das Haupt der Medusa!“

„Ich warte, falls jemand den Saal verlassen will“, sagte Perseus und blickte in die Runde.

Aus Angst, des Königs Mißfallen zu erregen, wagte es aber niemand, den Saal zu verlassen.

„Du siehst, es geht niemand hinaus“, sagte der König spöttisch und beugte sich über den Tisch. „Wir alle wollen das Medusenhaupt sehen! Also, heraus damit!“

„Wie du willst!“ rief Perseus, und mit abgewandtem Gesicht schnürte er seinen Sack auf und hob das grauenhafte, von sich ringelnden Schlangen umgebene Gorgonenhaupt hoch.

Man hörte ein Röcheln, und im nächsten Augenblick saßen der König Polydektes und seine Mannen unbeweglich, mit starren Augen da, alle zu Stein verwandelt.

Das Volk jubelte. Alle waren froh, den Tyrannen endlich los zu sein. Nun wollten sie Perseus zu ihrem König machen; doch der schlug vor, an seiner Stelle den gutherzigen Diktys zu wählen.

Und so geschah es auch: im Triumphzug wurde Diktys zum Palast geführt.

Nun konnte Perseus endlich seine Mutter im Tempel aufsuchen. Er erzählte ihr, was geschehen war.

„Jetzt sind wir frei, Mutter, wir können tun und lassen, was wir wollen. Wir können hier auf der Insel bleiben oder wegfahren – du kannst es dir aussuchen. Unten im Hafen liegt mein Schiff.“ Perseus führte seine Mutter aus dem Tempel. „Schau, von hier aus kann man es gut sehen!“

Er zeigte ihr das Schiff, das in einer Bucht vor Anker lag.

„Welch schönes Schiff!“ rief Danae. „Doch wer ist das Mädchen dort?“

„Das ist Andromeda, meine Frau“, sagte Perseus stolz. „Jetzt bist du überrascht, nicht wahr?“

„Ja, überrascht und glücklich“, antwortete Danae, als sie in das strahlende Gesicht ihres Sohnes sah. „Und weißt du, nun möchte ich gerne mit euch zusammen in meine Heimatstadt zurück. Ich habe Heimweh!“

„Du willst nach Argos? Zu deinem Vater, der dich so schlecht behandelt hat?“

„Dein Großvater ist jetzt alt, Perseus. Ich möchte, daß wir uns versöhnen.“

„Gut, dann fahren wir! Doch sag mir erst: was soll ich mit

Athenes Schild und Schwert machen? Und mit den Sandalen des Hermes?"

„Leg alles auf den Altar im Tempel!" antwortete Danae.

Perseus ging in den Tempel und legte die Sandalen, das Schwert und den Schild auf den Altar.

„Ich danke dir, Athene!" rief er. „Und als Opfergabe lege ich das Haupt der Medusa auf deinen Schild!"

Nachdem er das getan hatte, spürte er eine Hand auf seinem Arm. Seine Mutter war ihm schweigend gefolgt.

„Eines noch sollst du wissen, ehe wir den Tempel verlassen", sagte Danae und sah ihn ernst an: „Heute nacht hat die Göttin zu mir gesprochen. Ihre Worte waren: Danae, wenn das Erdendasein deines Sohnes einmal zu Ende ist, wird er als Sternbild am Himmel weiterleben. Dieselbe Ehre wird auch seiner Gemahlin Andromeda und deren Eltern, dem König Kepheus und der Königin Kassiopeia zuteil."

„Und was ist mit dir, Mutter?"

„Mich erwähnte die Göttin nicht", sagte Danae lächelnd. „Aber was macht das schon? Ich werde unsterblich durch dich, meinen Sohn! Komm, laß uns hinuntergehen zum Schiff. Deine Frau wartet."

Die Weissagung des Orakels

So segelte das Schiff fort von der felsigen Insel, wo Perseus aufgewachsen war, und nahm Kurs auf Argolis, sein eigentliches Heimatland.

Während der Reise fragte er sich immer wieder, wie sie dort wohl aufgenommen werden würden, und als schließlich die Küste von Argolis im Sonnendunst auftauchte, war er von Glück und Unruhe gleichermaßen erfüllt.

Perseus steuerte die Hauptstadt Argos an. Als sich das Schiff dem Strand näherte, sah er zu seiner Verwunderung, daß sich am Ufer viele Leute versammelt hatten.

„Laßt mich allein an Land gehen", sagte Danae und verließ das Schiff.

Bald kam sie zurück und berichtete: „Deinetwegen, Perseus, sind die Leute hier. Der Ruhm deiner Heldentaten ist uns vorausgeeilt, und nun will dich das Volk als Thronfolger begrüßen."

„Aber was sagt mein Großvater dazu?" fragte Perseus. „Wo ist er?"

„Als meinem Vater zu Ohren kam, daß wir auf dem Weg hierher sind, packte ihn die Angst. Er floh hinauf in die Berge."

„Angst vor wem? Doch nicht vor mir?" fragte Perseus verwundert.

„Du weißt doch, warum mein Vater uns beide aus Argos vertrieben hat: Es wurde ihm prophezeit, sein Enkel würde einmal seinen Tod verschulden. Deshalb hat er Angst vor dir."

Perseus umarmte seine Mutter: „Mach dir keine Sorgen, Mutter, ich werde meinen Großvater aufsuchen, und dann können wir gemeinsam über diese unsinnige Weissagung lachen!"

Es war nicht schwer, den König ausfindig zu machen. Perseus versöhnte sich mit ihm, und gemeinsam kehrten Großvater und Enkel nach Argos zurück.

Zu Ehren von Perseus wurde ein großes Fest veranstaltet, dem der König mit seiner Familie beiwohnte. Spiele und sportliche Wettkämpfe lösten einander ab.

Als einige junge Männer mit dem Diskus zu werfen begannen, ging Perseus hinunter zu ihnen, um die Wurftechnik zu erlernen.

„Bravo, das war ein guter Wurf!" rief er einem der Wettkämpfer zu.

„Willst du auch einmal werfen?" fragte der.

„Ich habe es noch nie versucht. Diskuswerfen konnte man bei den Fischerjungen auf Seriphos nicht lernen", antwortete Perseus. „Aber ich würde es gern einmal probieren!"

„Laß es lieber sein", sagte ein alter Mann, der vom König geschickt worden war, um Perseus zu holen. „Dein Großvater erwartet dich!"

„Nur einen einzigen Wurf!" rief Perseus und sprang auf die Bahn. Er nahm den Diskus, holte aus, wie er es von den anderen gesehen hatte und schleuderte die Scheibe mit aller Kraft auf das gesetzte Ziel zu.

Die Zuschauer brachen in Jubel aus. Doch in dem Augenblick, da sich der Diskus dem Zielpunkt näherte, kam ein kräftiger Windstoß und brachte ihn aus seiner Flugbahn.

Da verstummte der Jubel und ging in ein aufgeregtes Gemurmel über. Die Menschenmenge drängte zur königlichen Tribüne.

„Was ist geschehen?" rief Perseus. „Warum laufen alle Menschen dorthin?"

„Ich fürchte, du hast zu weit geworfen", sagte der alte Mann.

„Du meinst, mein Diskus könnte jemanden getroffen haben? Ich muß hin!" rief Perseus und versuchte, sich durch die Menschenmenge zu drängen.

Unterwegs begegnete er seiner Mutter. „Was ist geschehen?" fragte Perseus.

Danae sah ihn an, sie hatte Tränen in den Augen: „Dein Großvater, Perseus ..."

„Wurde er von meinem Diskus getroffen?" fragte Perseus entsetzt.

„Als die Scheibe auf ihn zugesaust kam, griff er sich ans Herz und rief: – ‚die Prophezeiung des Orakels!' – dann sank er zu Boden."

„Ist er tot?" flüsterte Perseus.

„Noch lebt er. Aber – er ist ein alter Mann, der Schock, als der Diskus auf ihn zukam, war zu viel für sein Herz. Komm jetzt, Perseus, er will dich sehen!"

Perseus hielt seine Mutter zurück.

„Wenn er stirbt, Mutter", flüsterte er verzweifelt. „Was soll ich tun, wenn er stirbt? Dann bin ich doch schuld an seinem Tod!"

„Es war ein Unglück, das wissen alle. Auch dein Großvater. Komm jetzt, Perseus – ehe es zu spät ist."

Der König lag mit geschlossenen Augen da. Perseus kniete an der Seite seines Großvaters nieder und ergriff seine Hand. Da schlug der König seine Augen auf und versuchte, Perseus anzulächeln.

„Glaub mir, ich habe lang genug gelebt", flüsterte er tröstend, „und ich bin glücklich, daß ich dich, meinen Enkelsohn, kennenlernen durfte. Daß ich jetzt sterbe, ist nicht deine Schuld. Mein Schicksal wurde von den Göttern vorbestimmt."

Es waren die letzten Worte des alten Königs.

Die königliche Familie

So ging also der Spruch des Orakels zuletzt doch in Erfüllung: Der Enkel verursachte den Tod seines Großvaters.

„Nach dem feierlichen Begräbnis mußte sich Perseus zum Tempel von Delphi begeben, um die Vergebung der Götter zu erbitten. Denn wißt ihr, das hat man damals machen müssen, wenn man den Tod eines Angehörigen verschuldet hatte“, erklärte Onkel Martin.

„Aber Perseus hat doch nichts dafür gekonnt, er wollte ja seinen Großvater nicht erschlagen. Zum Schluß hat er ihn doch richtig gern gehabt!“ rief Kristoffer; er war der Meinung, Perseus sei ungerecht behandelt worden.

„Na, begreif doch endlich: das mit dem Diskus ist doch nur deshalb geschehen, damit sich die Prophezeiung erfüllt!“ erklärte Jenny. „In diesen alten Sagen müssen die Orakelsprüche immer in Erfüllung gehen!“

„Wie ist es denn mit Perseus weitergegangen?“ wollte Kristoffer wissen. „Haben ihm die Götter vergeben?“

„Gewiß“, versicherte der Onkel. „Der Gott Apollo sprach ihn von seiner Schuld frei, und dann konnte er endlich zu seiner getreuen Andromeda zurückkehren.“

„Und dann haben sie viele Kinder gekriegt und lebten glücklich bis an ihr Ende“, spöttelte Jan.

„Ja, sie haben sowohl Kinder wie auch Enkel und Urenkel bekommen“, sagte der Onkel. „Und der berühmteste von ihnen allen war Herakles – ein Held, der sogar Perseus überstrahlte.“

Der Onkel knipste die Taschenlampe an. „So, und bevor wir schlafen gehen, werfen wir noch einen letzten Blick auf die Sternenkarte.“

Die Kinder stellten sich um den Tisch herum, und Jan breitete die Sternenkarte aus.

„Hier haben wir also Perseus", sagte der Onkel und zeigte auf die Karte. „Er erhebt sich beschützend über Andromeda, und in der einen Hand hat er den scheußlichen Kopf der Medusa. Hier, nahe bei Perseus, seht ihr Andromedas Füße und hier ihre augestreckten Arme, so, wie sie am Felsen festgekettet war. Schaut jetzt auf den Himmel – könnt ihr dort auch ihr Sternbild erkennen?"

Sie gingen zur Verandabrüstung und spähten zum Himmel.

„Ich glaub, ich hab's!" verkündete Jan nach einer Weile. „Aber die Arme sind schlecht zu sehen!"

„Das stimmt", sagte der Onkel, „diese Sterne sind recht schwach."

„Und schaut! Oberhalb von Andromeda sitzt Kassiopeia in ihrer Schaukel", sagte Jenny und lachte.

„Ja, und daneben ist ihr Mann, König Kepheus", setzte der Onkel fort. „So können wir also da oben am Himmel die ganze königliche Familie sehen."

„Gibt es das widerliche Meeresungeheuer auch irgendwo?" fragte Kristoffer neugierig.

„Darauf kannst du dich verlassen!" versicherte der Onkel. „Doch das krabbelt nicht vor Mitternacht auf den Himmel hinauf. Dann sieht man es dicht über dem Horizont, im Süden. Wer will, kann es aber auf der Sternenkarte suchen."

Alle wollten, und der Onkel half ihnen bei der Suche.

„Schaut, da unten liegt das Untier und lauert. ‚Cetus' steht hier, das ist der lateinische Name für das Seeungeheuer. Auf den Sternenkarten stehen meistens die lateinischen Bezeichnungen; das hab ich vergessen, euch zu sagen. – So, aber jetzt ist es genug für heute."

„Aber morgen erzählst du doch weiter!"

„Ja, wenn ihr wollt...?"

„Freilich wollen wir!" sagte Jenny und umarmte den Onkel.

„Gut, daß es so viele Sterne gibt!" rief Kristoffer und schaute noch einmal zum Himmel hinauf. „Fein, das können noch viele Geschichten werden!"

Die Wunschliste

Der Regen trommelte aufs Fenstersims. Kristoffer hatte das Fenster aufgemacht, drehte sich um und rief mit beleidigtem Gesicht: „Onkel Martin, es regnet draußen!“

Der Onkel kam aus der Küche. „Ja, das hör ich“, antwortete er, „und so leid es mir tut – ich kann nichts dagegen machen!“

„Aber da sieht man doch überhaupt keinen Stern!“ sagte Kristoffer vorwurfsvoll.

„Vielleicht klart es später doch noch auf“, meinte Jan optimistisch.

„Sicher nicht!“ seufzte Jenny. „Ich glaub, es wird die ganze Nacht weiterregnen.“

„Dann gibt es heute keine Sternengeschichten?“ Kristoffer war ganz enttäuscht.

„Ich hab eine Idee!“ platzte Jan plötzlich heraus. „Ich weiß, was wir machen können.“ Er holte die Sternenkarte und legte sie auf den Tisch.

„Tu dein Angelzeug weg, Kristoffer!“ forderte er seinen Bruder auf. Der räumte rasch den Tisch ab, und Jan konnte die Karte ausbreiten.

„So, bitte – jetzt haben wir den ganzen Sternenhimmel hier auf dem Tisch!“

„Ja! Und du kannst weitererzählen, nicht wahr?“ sagte Jenny und schaute den Onkel bittend an.

„Natürlich“, antwortete der Onkel und lächelte. „Und da spielt es auch keine Rolle, von welchen Sternen wir sprechen, denn auf der Karte können wir alle sehen, auch die, die sonst nur im Winter oder im Frühling bei uns sichtbar sind.“

Sternbild „Hunde“ – gut sichtbar am 1.2.22 Uhr, 15.2.21 Uhr, 1.3.20 Uhr – nach Süden

„Dürfen wir uns vielleicht wünschen, über welche Sternbilder wir etwas hören wollen?“ fragte Jenny.

„Also ich will etwas über den Großen und den Kleinen Bären hören – weil ich Bären doch so gern hab!“ sagte Kristoffer.

„Und ich möcht etwas über das Siebengestirn hören“, sagte Jenny. Sie dachte eine Weile nach: „Oder nein, lieber zuerst etwas über den Stier, denn das ist mein Sternbild.“

„Was hab ich denn für ein Sternbild?“ wollte Jan wissen. „Ich bin Anfang November geboren.“

„Du bist ein Skorpion, das weißt du doch“, sagte Jenny und kicherte, „das merkt man ja!“

„Nun wartet!“ Der Onkel holte Schreibblock und Bleistift. „Ich muß das jetzt einmal aufschreiben, und dann schauen wir, wie wir alles unter ein Dach bringen. Das war also: Der Große und der Kleine Bär, dann das Siebengestirn – man nennt es übrigens auch die ‚Pleiaden‘ – und dann noch der Stier und zuletzt der Skorpion.“

„Und daraus soll eine Geschichte werden?“ fragte Jan belustigt.

„Wir werden sehen. Ein Glück, daß der Tisch hier so groß ist, denn jetzt brauchen wir beide Karten: die südliche und die nördliche“, erklärte der Onkel und zeigte zunächst auf den nördlichen Teil.

„Hier seht ihr also, daß der Polarstern genau in der Mitte ist, und ein Stück daneben steht ‚Ursus major‘. Das ist lateinisch und heißt Großer Bär. Und noch näher beim Polarstern steht ‚Ursus minor‘, das ist der Kleine Bär – da hast du deine Bären, Kristoffer.“

Der Onkel ging um den Tisch herum. „Nun müßt ihr hierher kommen, denn hier, am südlichen Sternenhimmel, können wir den Skorpion sehen; er kriecht dort herum, wo die Milchstraße am dunkelsten ist. ‚Scorpio‘ steht hier auf der Karte.“

Dann beugte sich der Onkel über den Tisch und zeigte auf den unteren Teil der nördlichen Sternenkarte. „Und hier steht ‚Taurus‘ – so heißt das Sternbild des Stiers auf Latein; und gleich daneben sind die ‚Pleiaden‘, also das Siebengestirn.“

„Sind das jetzt alle, von denen du erzählen wirst?“ fragte Jenny.

„Nein, wir brauchen noch ein paar Sternbilder, wenn das Ganze eine Geschichte werden soll“, erklärte der Onkel und gab Jenny Block und Bleistift.

„Schreib auch ‚Orion‘ auf die Liste!“

„Orion? Das sind doch diese drei hellen Sterne in einer Reihe“, sagte Jenny, während sie schrieb.

„Die drei Sterne, die du meinst, werden der ‚Gürtel des Orion‘ genannt, und die sehen wir hier auf der Karte genau dort, wo die beiden Himmelshälften sich treffen. Und hier, genau unter den Füßen des Orion, sitzt ‚Lepus‘, der Hase. Schreib auch ihn auf, Jenny!“

„Lepus, der Hase“, murmelte Jenny und schrieb.

„Und etwas seitlich vom Hasen stehen ‚Canis major‘ und ‚Canis minor‘, der Große und der Kleine Hund. Jenny, du brauchst nur aufzuschreiben: ‚die Hunde‘!“

„Hunde gibt es auch am Himmel? Das ist toll!“ rief Kristoffer begeistert. Aber als Jenny ihm einen strafenden Blick zuwarf, war er gleich wieder still.

„Nun, ich glaube, das reicht.“ sagte der Onkel. „Lies jetzt vor, was auf dem Block steht, Jenny!“

Und Jenny las mit feierlicher Stimme: „Der Große Bär, der Kleine Bär, das Siebengestirn, der Stier, der Skorpion, der Orion, der Hase und dann noch die Hunde. Das schaut ja wie ein Theaterprogramm aus!“ platzte sie heraus.

„Genau das soll es auch sein“, sagte der Onkel.

Kristoffer wurde ungeduldig: „Fangen wir doch endlich an!“

„Ja, jetzt fangen wir an“, beruhigte ihn der Onkel. „Und zwar beginnen wir mit dem Orion – man nennt ihn auch den Himmelsjäger, denn als er noch auf der Erde lebte, war er ein gefürchteter Jäger, der Tod und Vernichtung unter allen Tieren der Welt verbreitete.“

Der Jäger Orion

Orion war kein gewöhnlich Sterblicher. Er war der Sohn von Poseidon, dem Gott des Meeres. Groß und stark war er wie ein Riese, so riesengroß, daß er durch das tiefe Meer wandern konnte, ohne sich die Schultern naß zu machen. Und so war es ihm auch möglich, zwischen den verschiedenen Inseln Griechenlands zu wandern und zu jagen, wie und wo es ihm gefiel.

Eines Nachts hatte er sich am Strand schlafen gelegt; neben ihm lagen seine beiden Hunde Sirius und Prokyon. In der Morgendämmerung wurde er von den Hunden geweckt, und da sah er einen Lichtschein am Himmel. Es war Eos, die Göttin der Morgenröte, die in ihrem geflügelten Viergespann den Tag ankündigte.

Erstaunt starrte Orion auf diese schöne Erscheinung in ihrem schimmernden, safrangelben Gewand. Noch größer wurde sein Staunen, als die Göttin ihre geflügelten Pferde hinab zum Strand lenkte und ihm zuwinkte, näherzukommen.

„Komm her, schöner Jüngling!“ rief Eos und lächelte. „Warum zögerst du? Hast du Angst vor meinen Pferden?“

„Angst? Ich sollte Angst vor deinen Pferden haben?“ rief Orion verärgert und erhob sich in seiner ganzen Länge. „Ich fürchte mich vor keinem Tier, sei es in der Luft, sei es im Meer oder auf dem Land!“ prahlte er, während er sich dem Viergespann näherte.

Aber Eos hörte ihm gar nicht zu. „Wie schön du bist“, sagte sie bewundernd. „Wer bist du?“

„Orion heiße ich und ich bin Jäger, der größte und stärkste der Welt!“ erklärte er protzig.

Sternbild „Orion“ – gut sichtbar am 1.4.22 Uhr, 15.4.21 Uhr – nach Westen

„Und der schönste!“ fügte Eos lächelnd hinzu. „Hat dir das noch niemand gesagt?“

Aber das interessierte Orion nicht. „Man sagt, ich sei der Größte, der Stärkste und der Beste, wenn es gilt, wilde Tiere zu erschlagen oder ihnen mit meinem Schwert den Kopf abzuhauen!“ schnitt er auf. „Wenn ich will, kann ich alle Tiere der Welt töten. Ich zeig es dir!“ rief er und hielt nach einem geeigneten Opfer Ausschau.

„Nein, warte!“ rief Eos. „Weißt du überhaupt, wer ich bin?“

Und während sich Orion verlegen am Kopf kratzte, fuhr sie mit einschmeichelndem Lächeln fort: „Ich bin Eos, die Göttin der Morgenröte, mit den rosenroten Fingern.“ Sie streckte ihm ihre schönen Hände entgegen. „Beuge deinen Kopf, damit ich dein Haar streicheln kann“, bat sie.

Orion sah nicht sehr angenehm berührt aus, aber schließlich beugte er doch seinen Kopf. Eos ließ ihre Hände über sein langes Haar gleiten.

„Welch schönes Haar du hast“, flüsterte sie verträumt. „Ich würde dich gerne näher kennenlernen, Orion. Willst du nicht in meinen goldenen Wagen einsteigen und dich neben mich setzen? Dann können wir gemeinsam die Reise über das Himmelszelt machen. Du sollst an meiner Seite sein, wenn ich im Osten die purpurfarbenen Pforten für die aufgehende Sonne öffne.“

Doch Orion war das Angebot der Göttin lästig. Er wußte nicht recht, was er sagen sollte.

„Du zögerst?“ fuhr Eos mit einem herausfordernden Lächeln fort. „Hast du etwa Angst, mit mir über den Himmel zu fahren?“

„Angst habe ich nicht“, antwortete Orion mürrisch. „Ich habe niemals Angst. Aber es ist so, daß ...“

Es fiel ihm nicht ein, was er noch sagen sollte, und er kratzte sich neuerlich den Kopf. Plötzlich rief er: „Meine größte Freude ist das Jagen! Ich will die Spannung spüren, wenn das Tier, wild und rasend, sich wehrt und dann zusammenbricht, tödlich getroffen von meiner Keule. Das ist es, was mich lockt! Ah, dort im Wald seh ich das Geweih eines Hirschen ...“

„Entscheide dich rasch!“ befahl Eos. „Die Sterne sind schon verblaßt, und der goldene Schein im Osten wird immer stärker.“

„Ich habe mich entschieden, ich folge dem Hirschen!“ rief Orion erleichtert. „Komm, Prokyon, komm, Sirius, lauft!“

Die Hunde rannten bellend in den Wald hinein, und Orion folgte ihnen mit langen, weitausholenden Schritten.

„Leb wohl, Orion! Vielleicht sehen wir uns an einem anderen Morgen wieder!“ rief die Göttin. Sie griff nach ihrer goldenen Peitsche, die Pferde breiteten ihre Flügel aus, und auf ging es in die Luft.

Während der goldene Wagen der Morgenröte seine Fahrt über den Himmel fortsetzte, verbreitete Orion Tod und Schrecken unter allen Tieren, die im Walde lebten.

Ein kleiner Vogel, der sein Nest im Gras gebaut hatte, sah die großen Füße des Riesen auf sich zukommen und flog erschrocken auf.

„Nein, nein! Zertritt mir nicht mein Nest!“ bat er und flatterte ängstlich hin und her.

„Wer bist du? Wie kannst du es wagen, genau vor meinem Gesicht herumzufliegen?“ brüllte der Riese und schlug mit der Hand gegen den Vogel. „Weg mit dir!“

Ängstlich flatterte der Vogel weiter: „Bleib stehen, zertrample nicht meine schönen Eier“, bat er flehentlich.

„Verschwinde hier!“ schrie Orion. „Weißt du nicht, wer ich bin?“

„Ja, Herr, ich weiß, du bist der größte und gefährlichste aller Jäger, aber ich bitte dich trotzdem, verschone meine Eier!“

In diesem Augenblick entdeckte Orion das Nest unten am Boden, und mit einem höhnischen Lachen zertrat er sowohl Nest als auch Eier.

„So, nun weißt du, wie es dem ergeht, der es wagt, mir in die Quere zu kommen!“ rief er zufrieden. Er sah sich nach dem kleinen Vogel um, konnte ihn aber nirgends erblicken. Da pfiff er seinen Hunden, zog weiter in den Wald und grölte sein Lied:

„Ich schwing meine Keule, ich schwinge mein Schwert,
ich jag zum Vergnügen, das ist es mir wert!
Ich besiege alle Tiere der Welt,
tu immer nur das, was mir grade gefällt!“

So wanderte Orion weiter, seine große, gefährliche Keule über der Schulter, das Schwert an der Seite, den Schild in der Hand, und alle Tiere des Waldes versteckten sich zitternd in ihren Höhlen.

Der kleine Vogel kam zu seinem Nest zurück und war ganz verzweifelt. Da hörte er plötzlich eine helle Stimme, die gar lieblich sang. Es war Ostara, die Frühlingsgöttin. Sie ging mit leichten Schritten durch den Wald, trug einen zarten Blütenkranz und sang ihr Lied für die Blumen und Vögel:

„Die Hochzeit des Frühlings erscheint immer neu,
das Veilchen verbirgt sich in bräutlicher Scheu.
Bald reifen die Beeren im Sonnenschein,

wir lieben den Lenz und können uns freun!
Die Vögel singen und bauen ihr Nest..."

„Nein, hör auf, bitte sing nicht weiter!" rief der kleine Vogel, der noch trauriger wurde, als er Ostaras Lied vom Nestbauen der Vögel hörte.

„Ja, was ist denn geschehen?" fragte die Frühlingsgöttin mit sanfter Stimme. „Warum bist du denn so verzagt, kleiner Vogel?"

„Der Jäger Orion hat mir mein Nest zerstört und alle meine Eier zertreten!"

„Ja, da versteh ich wohl, daß du traurig bist", sagte Ostara. „Aber kannst du dir denn kein neues Nest bauen?"

„Das getraue ich mich nicht, solange Orion in der Nähe ist. Er ist so groß und so stark, mit ihm wird keiner fertig! Ich, ich wünschte mir..."

„Nun? Was würdest du dir wünschen?" fragte Ostara.

Der Vogel flatterte näher und sagte zögernd: „Weißt du... ich würde lieber ein anderes Tier sein!"

„Aha, wohl ein großes, starkes Tier, das sich besser wehren kann?"

„Ach nein, das würde auch nichts helfen", sagte der Vogel. „Aber ich wäre gern flink und listig, da könnte ich den Jäger zum Narren halten."

„Willst du, daß ich dich in ein solches Tier verwandle?" fragte Ostara.

„Oh ja, das wäre schön!" rief der kleine Vogel begeistert. „Aber das Tier müßte mindestens so schnell laufen können, wie ich jetzt fliegen kann!"

Die Göttin dachte eine Weile nach. „Ich habe eine Idee!" rief sie plötzlich. „Ich könnte dich in einen Hasen verwandeln. Der Hase ist flink und listig, er kann den Jäger und seine Hunde zum Narren halten."

„Das würdest du wirklich für mich tun? Ja, ich bitte dich: verwandle mich in einen Hasen!" Aufgeregt flatterte der Vogel hin und her.

„So setz dich ganz still ins Gras!" Ostara lächelte, beugte

sich zu dem Vogel nieder und hauchte über sein Federkleid. „So, nun bist du ein Hase und heißt ‚Lepus'!"

„Was für ein eigenartiges Gefühl, plötzlich ein Hase zu sein! Welch lange Ohren ich bekommen habe!" Lepus machte vor Begeisterung einen Luftsprung. „Hui, und wie hoch ich hopsen kann!" rief er ganz erstaunt und versuchte gleich einen noch höheren Sprung.

Da hörte man plötzlich Hundegebell.

„Das sind die Hunde des Jägers! Sei vorsichtig!" warnte die Göttin.

„Die werde ich jetzt ordentlich an der Nase herumführen!" rief der Hase. „Hab vielen Dank, Ostara, daß du mich verwandelt hast!"

Und der Hase hoppelte mit seinen langen Beinen davon und übte sich im Hakenschlagen und in allerlei Kunststücken, die den Hunden des Jägers das Leben schwer machen sollten.

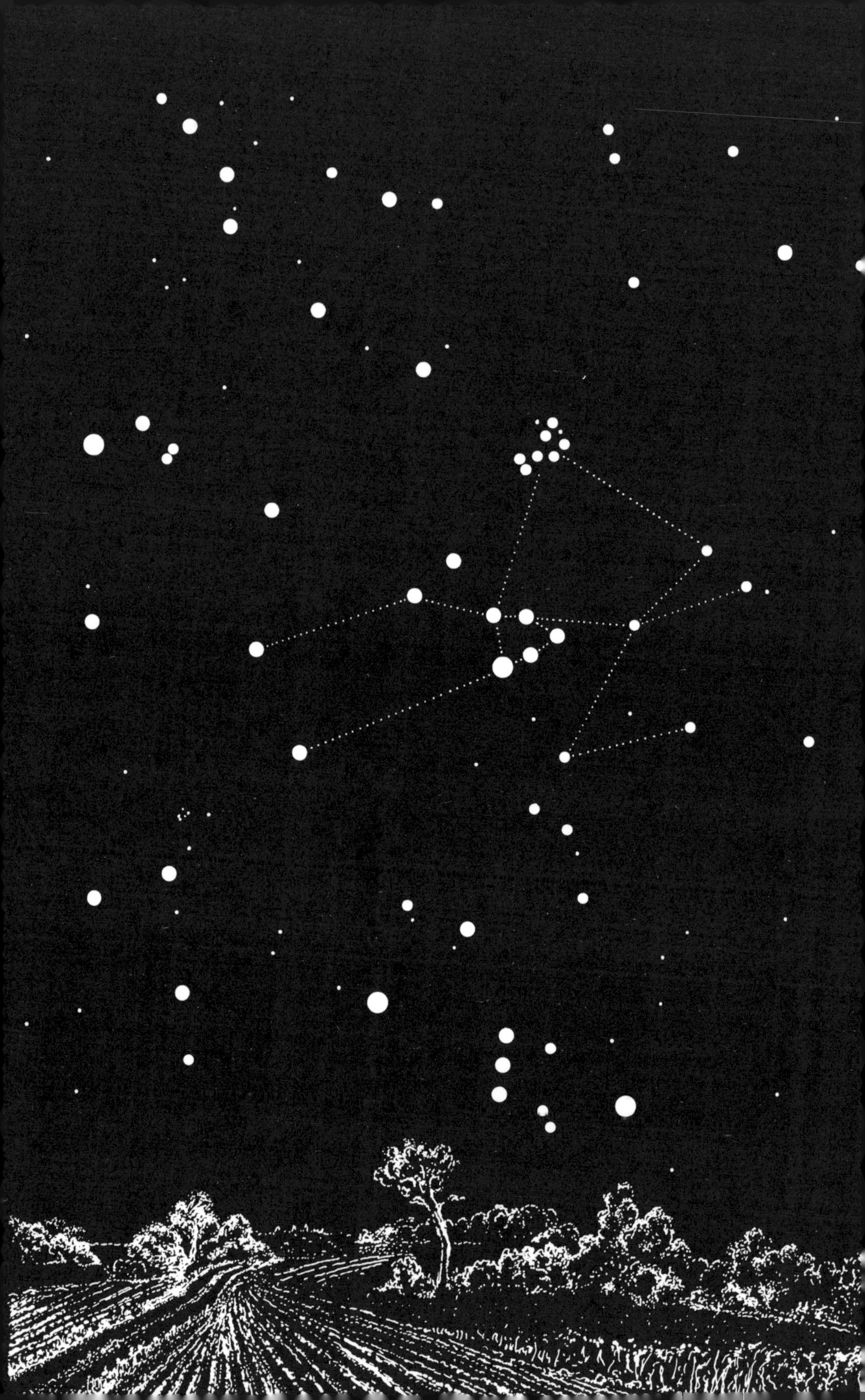

Der Stier und das Siebengestirn

Nahe am Waldrand wohnten die Pleiaden, die sieben kleinen Töchter des Riesen Atlas. Sie feierten die Ankunft des Frühlings, pflückten Blumen und banden Kränze, um Taurus, den heiligen Stier, zu schmücken.

„Wie schön er sein wird", sagte Alkyone, die älteste der Schwestern. „Beuge deinen Kopf herunter, Taurus, wir reichen nicht so weit hinauf!" Sie gab dem Stier einen freundlichen Klaps auf den Hals.

Taurus beugte artig seinen Kopf, und die schüchterne Pleiade Maia hängte einen wunderschönen Blumenkranz um sein Horn. „Seht nur, wie lieb er ist! Er hat es gern, wenn wir ihn schmücken."

„Ja, richtig stolz sieht er aus", sagte Alkyone und lachte.

Da kamen auch die anderen Schwestern mit ihren Blumenkränzen und hängten sie dem Stier um den Hals. Dann holten sie ihre Flöten und begannen zu spielen.

„Jetzt werden wir dir zu Ehren tanzen, Taurus!" rief die älteste.

Die Schwestern umringten den Stier und wiegten sich feierlich im Takt der Musik.

Da ertönte Hundegebell aus dem Wald.

Erschrocken hielten die Schwestern inne. Die Flöten verstummten, der Tanz war zu Ende.

„Welch ein armes Tier wohl jetzt wieder gejagt wird?" flüsterte Maia.

„Ein Hase! Schaut nur, ein Hase!" rief Merope, die jüngste der Schwestern. „Das ist doch Lepus!"

Mit langen Sätzen kam der Hase angesprungen: „Beeilt

Sternbild „Stier, Pleiaden" –gut sichtbar am 1.11.22 Uhr, 15.11.21 Uhr, 1.12.20. Uhr – nach Osten euch, beeilt euch“, keuchte er. „Führt Taurus fort! Der Jäger Orion kommt, er will ihn töten!“

„Das darf er nicht!“ rief Alkyone. „Taurus ist Dionysos, dem Gott des Weines, geweiht. Ihn darf niemand töten!“

„Orion ist nicht zu trauen“, warnte der Hase. „Bindet lieber das Seil los, damit Taurus fliehen kann!“

Das Hundegebell kam immer näher, und mit hoch erhobener Keule stürmte Orion aus dem Wald.

„Ha, welch ein prächtiger, fetter Stier!“ rief er.

„Niemand darf Taurus töten!“ rief Alkyone. „Er ist Dionysos geweiht!“

„Das kümmert mich nicht! Ich jage und töte, was ich will!“ schrie Orion und kam mit langen Schritten näher.

Alkyone gelang es im letzten Augenblick, das Seil loszubinden: „Lauf, Taurus, lauf!“ Mit lautem Gebrüll stürmte der Stier davon.

„Ihr glaubt doch nicht im Ernst, daß er mir entkommt?“ Orion pfiff seinen Hunden und nahm die Verfolgung auf.

Genau in diesem Augenblick hüpfte der kleine Hase aus

einem Busch und begann, rund um die Beine des Jägers zu laufen. Als ihn die Hunde erblickten, setzten sie ihm wild kläffend nach.

„Aus dem Weg, Hunde!“ brüllte Orion. „Lauft nicht immer um meine Füße herum!“

Aber die Hunde waren so voller Jagdeifer, daß sie nicht gehorchten. Wild sprangen sie zwischen die Beine ihres Herrn, um den Hasen zu erwischen.

„Aus dem Weg, sag ich, damit ich mit meiner Keule ordentlich zuschlagen kann!“ schrie Orion zornig und versuchte, nach den Hunden zu treten. Da stolperte er über seine eigenen Füße, und plumps, lag er in voller Länge auf dem Boden.

Diese Gelegenheit ergriff Lepus und hopste so rasch er konnte in den Wald, verfolgt von den beiden Hunden, die ihm auf den Fersen blieben.

„Sirius, Prokyon, kommt zurück!“ rief Orion, aber die Hunde gehorchten ihm nicht.

Regungslos, stumm und in atemloser Spannung waren die sieben Schwestern den Ereignissen gefolgt. Jetzt, wo der Riese Orion ganz verdutzt und verärgert auf dem Boden lag und vergeblich nach seinen Hunden rief, begannen sie zu lachen.

Orion stand auf und kam näher. „Worüber lacht ihr denn?“ fragte er drohend.

„Verzeih, bitte“, sagte Alkyone, „aber es sah so komisch aus, wie du hingefallen bist!“

„Wir konnten das Lachen nicht verbeißen“, entschuldigte sich Merope.

Orion hob seine Keule: „Dieses Lachen wird euch teuer zu stehen kommen!“

„Lauft, Schwestern, lauft“, rief Alkyone, und wie eine Schar verschreckter Vögel schwirrten die Schwestern davon und versteckten sich in ihrem kleinen Haus.

„Wir müssen die Tür verschließen!“ rief Alkyone und schob mit letzter Kraft den schweren Riegel vor.

Zitternd und dicht aneinandergeschmiegt standen die kleinen Schwestern da. Die Schritte des Riesen kamen immer näher und näher.

„Glaubt ja nicht, daß ihr mir entkommt, ihr kleinen Täubchen“, lachte Orion hämisch. Er machte einen Schritt auf das Haus zu und schickte sich an, das Dach abzuheben.

„Ach, wären wir doch wirklich Tauben“, seufzte eine der Schwestern, „da könnten wir jetzt davonfliegen!“

„Wartet“, flüsterte Alkyone. „Die Taube ist doch Aphrodites Vogel!“ Und sie erhob ihre Arme und rief: „Aphrodite, erhöre uns in unsrer Not! Verwandle uns in Tauben! Wir versprechen, dir dafür zu dienen – unser Leben lang!“

Kaum waren ihre Worte verklungen, stürzte des Haus zusammen, und inmitten der Trümmer stand Orion. Er blickte sich verwundert um: „Wo habt ihr euch denn versteckt?“

Im selben Augenblick hörte man das Flattern von Vogelschwingen, und durch das zerstörte Dach flogen sieben weiße Tauben zum Himmel empor.

Orion erkannte sofort: Das sind die sieben Schwestern, sie haben sich in Tauben verwandelt! „Ihr entkommt mir trotzdem nicht!“ rief er ihnen nach. „Und wenn ich euch bis zum Ende der Welt verfolgen muß!“

Weit hinaus übers Meer flogen die sieben Schwestern, doch Orion, der durch die tiefsten Wasser gehen konnte, bereitete es keine Mühe, ihnen zu folgen.

Zu dieser Zeit gab es an der Küste Kleinasiens eine von zwei Felsen begrenzte Meeresenge. Diese beiden Felsen waren beweglich, und geriet ein Schiff oder ein Lebewesen in diesen Sund, so stürzten sie mit mächtiger Gewalt gegeneinander und zerquetschten alles, was dazwischengekommen war – sogar Fische und Vögel.

Just in diese Meeresenge hinein trieb Orion die erschöpften Tauben.

„Ist der Jäger immer noch hinter uns her?“ keuchte Maia.

„Ich fürchte schon“, antwortete Alkyone. „Siehst du ihn, Merope?“ rief sie der jüngsten zu, die am Schluß flog.

„Ja, aber jetzt ist er stehengeblieben ... ist das nicht sonderbar?“ antwortete Merope. „Er geht nicht in den Sund hinein!“

Plötzlich hörten sie ein eigentümlich grollendes Geräusch, das drohend von Felsen zu Felsen hallte.

„Was ist denn das?“ rief eine der Schwestern ängstlich.
Und dann schrien sie alle durcheinander:
„Hilfe! Die Klippen, sie bewegen sich! Gebt acht! Sie kommen näher!“
„Sie werden uns zerquetschen!“
„Fliegt, fliegt so schnell ihr könnt!“ rief Alkyone.
Und die Tauben nahmen all ihre Kraft zusammen und flogen so rasch sie nur konnten, um den Felsenwänden, die sich immer näher und näher aneinanderschoben, zu entkommen.
„Beeil dich, du bist die letzte!“ rief Maia der jüngsten zu.
Im selben Augenblick krachten die Felsen mit einem fürchterlichen Donnerschlag zusammen.
„Hilfe!“ schrie Merope, „ich sitze fest!“
Die anderen Tauben flogen zurück und umflatterten angstvoll ihre kleine Schwester.
„Reiß dich los, reiß dich los!“ riefen sie verzweifelt.
„Aber das tut so weh!“ klagte Merope.
„Versuch es trotzdem“, ermunterte sie Alkyone.
Die kleine Taube schlug mit ihren Flügeln so kräftig sie nur konnte, und siehe da, sie kam los!
„O weh, meine schönen Schwanzfedern sind weg!“ klagte sie.
„Sei nicht traurig“, tröstete Alkyone. „Hauptsache, wir sind Orion entkommen. Deine Federn werden dir ganz schnell wieder nachwachsen!“
Die sieben Tauben flogen weiter zum Tempel der Aphrodite, um der Göttin für ihre Rettung zu danken. Es wird erzählt, daß sie seit dieser Zeit die Aufgabe hatten, jeden Tag zur Wohnstätte der Götter zu fliegen, um ihnen ihre Götterspeise, Nektar und Ambrosia, zu bringen.
Zum Dank für ihre treuen Dienste wurden sie schließlich auf den Sternenhimmel gesetzt, gleich neben den Stier. Und dort können nun die Pleiaden, die sieben kleinen Sterne, die wir Siebengestirn nennen, weiter Kränze für ihren Stier binden und für ihn tanzen.

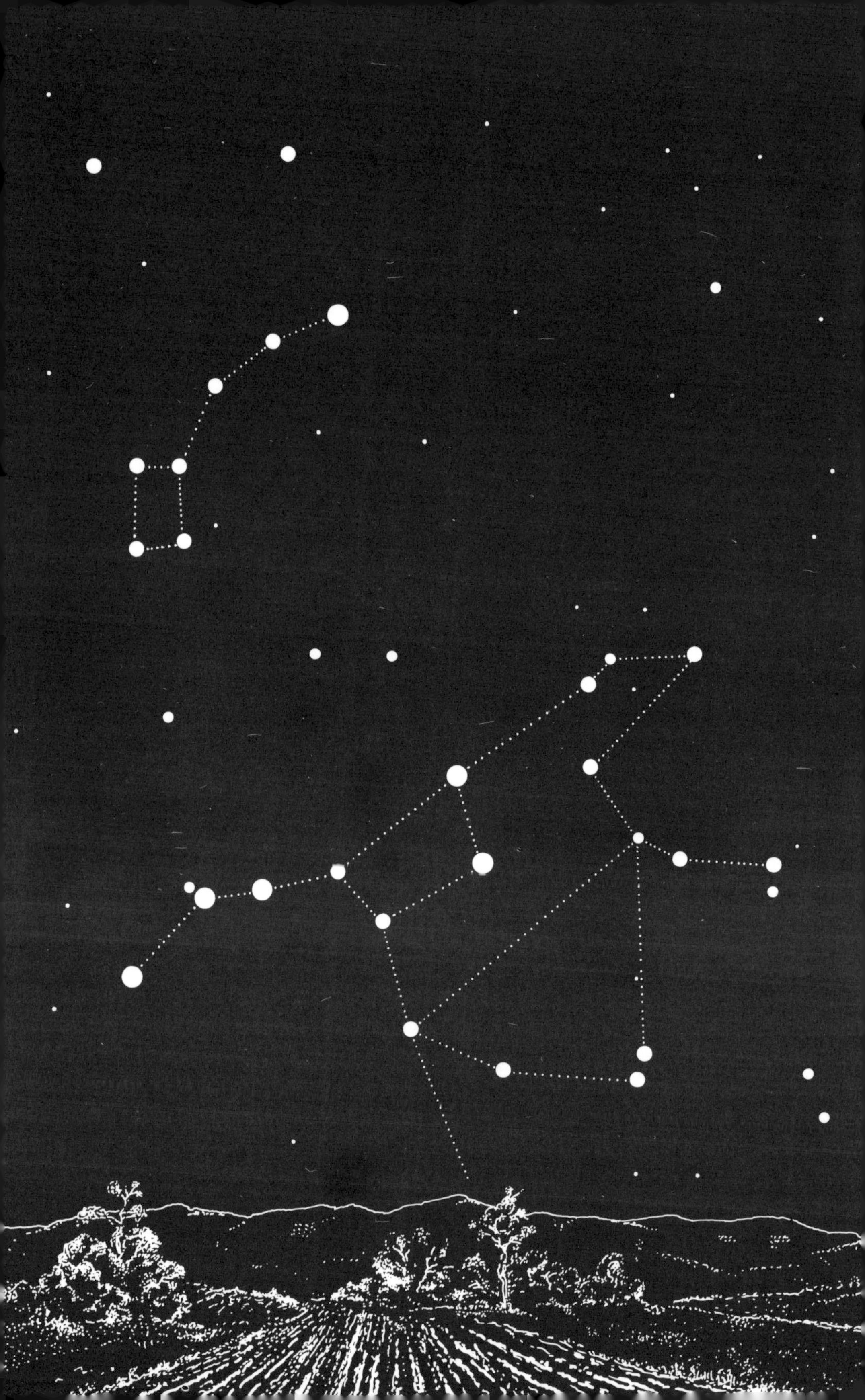

Der große Bär bittet um Hilfe

Der Jäger Orion jagte weiter, erschlug alle Tiere, die ihm in den Weg kamen, und verbreitete Schrecken und Verzweiflung. Am liebsten jagte er in dem Wald, wo der kleine Hase Lepus wohnte. Dort in der Nähe hauste auch eine Bärenmutter mit ihrem Jungen. Von ihr erzählt man, daß sie früher einmal ein Mensch gewesen sei und Kallisto geheißen habe. Dieses Gerücht kam auch dem Hasen zu Ohren, und einmal, als er den großen Bären, dicht gefolgt von seinem Jungen, heranschlurfen sah, hüpfte er den beiden kurz entschlossen entgegen und setzte sich mitten in ihren Weg.

„Mach Platz“, brummte die Bärenmutter. „Wir haben es eilig! Orion, der Jäger, ist im Wald, wir müssen uns verstekken, ehe uns seine Hunde aufspüren.“

„Verzeih, aber darf ich trotzdem ein paar Worte mit dir wechseln?“ fragte der Hase.

„Wer bist denn du?“

„Ich bin nur Lepus, der Hase, und ich möchte dich gern etwas fragen.“

„Schieß los, aber schnell. Was willst du denn wissen?“

„Ich habe gehört, daß du nicht immer ein Bär gewesen bist, sondern daß du früher einmal ein Mensch warst und Kallisto geheißen hast. Stimmt das?“

„Wer hat dir das erzählt?“ staunte die Bärenmutter.

„Das weiß ich nicht mehr so genau, vielleicht war es ein Vogel oder der Wind? Wir Hasen haben eben lange Ohren! Ich hörte auch, daß du im Dienste der Göttin Artemis gestanden bist, bevor du in einen Bären verwandelt wurdest.“

„Das stimmt“, seufzte die Bärin. „Ich diente Artemis, der

Sternbild „Großer Bär, Kleiner Bär“ – gut sichtbar am 1.11.22 Uhr, 15.11.21 Uhr – nach Norden

Göttin der Jagd, und war sehr glücklich. Doch da wurde Gott Zeus auf mich aufmerksam. Er fand mich schön und begehrenswert. Hera, seine Frau, erfuhr davon, wurde sehr böse und ließ mich und meinen kleinen Sohn in Bären verwandeln. Seither werden wir verfolgt und gejagt und müssen uns im Wald verstecken."

„Das ist freilich sehr traurig", sagte der Hase. „Aber weißt du, ich dachte, daß du uns vielleicht helfen könntest, den bösen Orion loszuwerden."

„Wie hast du dir denn das vorgestellt?"

„Da du doch früher einmal in Artemis' Diensten gestanden bist, könntest du sie vielleicht um Hilfe bitten", erklärte Lepus eifrig.

Die Bärin seufzte tief: „Artemis hat mich weggeschickt, als sie erfuhr, daß Zeus seine Blicke auf mich geworfen hatte. Seither wollte sie nichts mehr von mir wissen. Ich glaube nicht, daß sie mich anhören wird."

„Aber wir alle wissen doch, daß die Göttin Bären ganz besonders gern hat, und deshalb ...", Lepus verstummte plötzlich und spitzte die Ohren. Ja, das Hundegebell kam immer näher.

Der kleine Bär klammerte sich ängstlich an seine Mutter. „Komm, mein Kleiner, wir müssen uns verstecken“, brummte Kallisto. „Leb wohl, Lepus, ich werde über deinen Vorschlag nachdenken!“ Sie verabschiedete sich und trottete mit ihrem Jungen davon.

Immer mehr Tiere wurden von Orion getötet, und schließlich sah Kallisto keinen anderen Ausweg mehr, als zu versuchen, mit Artemis, der Göttin der Jagd, zu sprechen.

Schon in der nächsten Nacht ging die Bärin zum Tempel der Göttin und bat um Hilfe. Sie berichtete ihr vom wilden Treiben des Jägers, und Artemis hörte aufmerksam zu. Dann ging sie mit Kallisto zu dem Platz am Strand, wo der gefürchtete Jäger lag und schlief.

Kallisto zeigte auf ihn: „Sieh nur, Göttin, dort liegt er und schläft, der Jäger, der damit prahlt, alle Tiere der Welt zu töten.“

Artemis betrachtete Orion: „Wie jung und schön er ist! Ich habe nicht gewußt, daß er so jung ist“, sagte sie verwundert.

„Doch alt genug, um uns alle zu töten, das ist er!“ klagte Kallisto. „Willst du uns denn nicht helfen, Göttin? Müssen alle Tiere der Welt zugrunde gehen?“

„Ich werde seinem Tun Einhalt gebieten“, sagte die Göttin mit entschlossener Stimme und rief: „Orion, erwache!“

Orion setzte sich schlaftrunken auf und blinzelte verwirrt auf die strahlende Göttererscheinung.

„Wer bist du?“ fragte er erstaunt.

„Ich bin Artemis.“

„Artemis?“ rief Orion. „Du stattest mir einen Besuch ab? Welche Ehre!“

Die Göttin sah ihn ernst an und befahl: „Gib mir deine Keule und dein Schwert!“

„Mein Schwert und meine Keule?“ Orion begriff die Welt nicht mehr. „Du, die Göttin der Jagd, willst mir meine Jagdgeräte wegnehmen?“

„Ja, das will ich", sagte Artemis streng. „Wenn du jagst, weil du Hunger hast, kann ich das gutheißen; doch nur zu deinem Vergnügen zu töten, ist verwerflich. Wisse: Die Götter haben die Tiere erschaffen. Wer Leben mutwillig zerstört, verstößt gegen die göttlichen Gesetze. Du hast dein Recht zu jagen verwirkt. Gib mir Keule und Schwert, Orion!"

Orion war nicht im geringsten bereit, sich von seinen Waffen zu trennen. Er versuchte, Zeit zu gewinnen, und sah sich unschlüssig um. In diesem Augenblick kam ihm ein Lichtschein am Himmel zu Hilfe.

„Da kommt Eos, die Göttin der Morgenröte", rief er erleichtert, und mit langen Schritten sprang er hinunter zum Strand. „Eos, komm zu mir! Heute bin ich bereit zu einer Himmelsreise in deinem Wagen!"

„Bleib stehn, Orion!" Artemis hob ihren goldenen Bogen. „Bleib stehn, oder es trifft dich mein Pfeil!"

„Ich denke nicht daran!" rief Orion übermütig. „Ich folge Eos, sie ist eine Göttin wie du!"

Doch schon im selben Augenblick wurde er von Artemis' Pfeil getroffen.

„Meine Augen", stöhnte er und sank zu Boden.

Artemis stand unbeweglich da. Nach einer Weile wandte sie sich zu Kallisto, die alles mit angesehen hatte: „Nun, da Orion nicht sehen kann, wird er euch kein Leid mehr zufügen. Seine Keule und sein Schwert nehme ich mit. Das ist alles, was ich für euch tun kann."

Artemis nahm Orions Waffen und verschwand.

Am Strand kniete Eos, die Göttin der Morgenrote, an Orions Seite und weinte bitterlich über das Schicksal des Jägers: „Oh, deine wunderschönen Augen, sie sind zerstört", schluchzte sie. „Mein Liebster, was kann ich tun, um dir zu helfen?"

„Artemis hat mir meine Keule und mein Schwert weggenommen", stöhnte Orion, „ich muß beides zurückhaben!"

„Schwert und Keule kann ich dir nicht zurückbringen", flüsterte Eos. „Doch ich weiß, was du tun kannst: Auf der Insel Lemnos steht die Schmiede, in der Hephaistos und seine

Lehrlinge Waffen schmieden. Die suche auf und laß dir eine neue Keule machen, größer als die alte, und ein neues Schwert, besser als das, welches dir genommen wurde."

„Aber wie kann ich mein Augenlicht wieder kriegen?" klagte Orion.

Eos beugte sich noch näher zum Jäger: „Ich habe gehört, daß jemand, der nicht sehen kann, bei Helios, dem Sonnengott, Hilfe findet. Erkundige dich in der Schmiede des Hephaistos danach!"

Die Pferde der Göttin waren vom langen Warten ungeduldig geworden. Sie begannen zu wiehern und mit den Hufen zu scharren.

„Ich muß nun weiterfahren", rief Eos. „Leb wohl, mein Liebster, und viel Glück!" Sie stieg in ihren Wagen, schnalzte mit ihrer Peitsche und ließ die Zügel schießen, um die verlorene Zeit einzubringen.

Bald danach ging die Sonne auf, und die Welt badete in ihrem Licht. Doch der blinde Jäger konnte von all dieser Pracht nichts sehen. Er tastete sich den Strand entlang und dann hinaus ins Meer, immer weiter hinaus; und da er ohne Schwierigkeit durch das tiefe Wasser gehen konnte, gelang es ihm schließlich, auf der Insel Lemnos, dort, wo sich die Schmiede des Hephaistos befand, an Land zu kommen.

Die Schmiede des Hephaistos

Hephaistos war der Gott des Feuers und der Schmiedekunst. In seiner Schmiede hämmerte er Blitze für Zeus, den Herrn des Himmels, und schmiedete Waffen und Schilde für die Götter und Helden.

Schon von weitem konnte Orion das Klirren der Schmiedehämmer hören, und das half ihm, den richtigen Weg zu finden.

„Ist das des Hephaistos Schmiede?“ fragte er.

„Ja, das ist sie“, antwortete eine piepsige Stimme, „aber Hephaistos ist nicht da.“

Orion ging näher. „Und wer bist du?“

„Ich bin Kedalion, der Hephaistos einst das Schmieden beigebracht hat“, antwortete die Piepsstimme. „Doch jetzt bin ich alt, und er ist der Meister – das ist der Lauf der Welt“, seufzte der Alte.

„Aber du bist wohl nicht zu alt, um ein Schwert für mich zu schmieden?“ wollte Orion wissen.

„Diese Kunst habe ich nicht verlernt“, kicherte Kedalion.

„Und eine Streitkeule brauche ich auch“, fuhr Orion fort.

„Auch damit kann ich dienen“, antwortete der kleine Kerl voll Stolz.

„Dann fang an, Alter, ich hab es eilig!“

Gleich darauf hörte Orion, wie Kedalion Leben ins Feuer blies und eifrig mit seinem Werkzeug hantierte.

Der blinde Jäger wartete voller Ungeduld auf seine Waffen. Als schließlich das Hämmern verstummte und ihm Kedalion ganz stolz die neuen Jagdgeräte überreichte, prüfte er die scharfe Klinge des Schwertes und die spitzen Stacheln der schweren Keule: „Ich muß zugeben, du hast fürwahr gute Arbeit geleistet!“ sagte er anerkennend.

„Das will ich meinen“, krächzte Kedalion.

„Nun mußt du mir auch noch in einer anderen Sache helfen“, fuhr Orion fort. „Man hat mir gesagt, daß ich hier in der Schmiede erfahre, wie ein Blinder sein Augenlicht wiedererlangen kann.“

Kedalion war zutiefst erschrocken. Er begann zu jammern: „Nein, nein, darüber darf ich nichts verraten. Das kannst du nicht von mir verlangen!“

„Was soll das heißen?“ fragte Orion barsch.

„Es ist verboten, über diese Dinge zu sprechen“, flüsterte der Alte geheimnisvoll. „Und jetzt, wo noch dazu Hephaistos nicht da ist, da kann ich schon gar nicht... Au, au, so laß mich los...“

Der riesige Orion hatte Kedalion gepackt, seine Finger umklammerten den zappelnden Zwerg. „Siehst du, obwohl ich blind bin, hab ich dich erwischt. Jetzt sprich, oder es kann geschehen, daß ich dich ins Feuer werfe!“ drohte er.

„Nein, laß mich aus!“ keifte der Alte.

„Nicht, bevor du gesprochen hast! Ich weiß, daß es etwas mit Helios, dem Sonnengott, zu tun hat...“

„Also gut, Herr, wenn du schon so weit eingeweiht bist, dann darf ich dir wohl auch den Rest verraten. Aber drück nicht gar so fest, du zerquetschst mich ja!“

Orion lockerte seinen Griff ein wenig, und der Alte fuhr fort: „Nun hör gut zu! Du mußt auf die andere Seite der Insel gehen, dort gibt es einen hohen Berg. Seine Felswände stürzen senkrecht ins Meer. Diesen Berg hast du zu ersteigen, und wenn du auf dem Gipfel bist, mußt du dich so hinstellen, daß die ersten Sonnenstrahlen deine leeren Augenhöhlen treffen. Dann vielleicht – aber ich sage nur: vielleicht! – bekommst du dein Augenlicht wieder... Nein, nein! Was machst du denn?“ piepste der Alte mit kläglicher Stimme.

Anstatt sich für die Auskunft zu bedanken, hatte Orion den kleinen Kedalion einfach auf seine Schulter gehoben.

„Warum soll ich hier sitzen?“

„Um mir den Weg zu zeigen!“

„Nein, bitte, laß mich hinunter!“ der Alte strampelte und schlug verzweifelt um sich.

„Nicht, bevor ich wieder sehen kann", erklärte Orion und ging mit dem kleinen Kerl davon.

Er wanderte die ganze Nacht, und als der Morgen zu dämmern begann, hatte er endlich den Berg erreicht. Der Alte wies ihm den Weg hinauf zum Gipfel.

Just in dem Augenblick, da die beiden die Bergspitze erklommen hatten, stieg die Sonne aus dem Meer.

„Nun wende deinen Kopf nach Osten – dorthin", sagte der kleine Schmied und drehte Orions Kopf. „So, jetzt treffen die Sonnenstrahlen deine Augenhöhlen! – Spürst du etwas?"

Orion spürte, wie Wärme seinen ganzen Körper durchströmte, und plötzlich wurde es licht um ihn.

„Ich sehe!" rief er. „Ich kann wieder sehen! – Hinunter mit dir, Alter!"

„Was machst du denn?" piepste Kedalion verzweifelt.

„Ich wandere ins Meer hinaus!" rief Orion und war auch schon auf dem Weg. „Ich gehe zurück in das Land, in dem ich so schlecht behandelt worden bin. Dort werde ich mich rächen!"

„Aber was wird denn aus mir?" klagte Kedalion verzagt. „Ich kann nicht solche Riesenschritte machen wie du! Wie komme ich denn jemals wieder heim in die Schmiede?"

Doch Orion kümmerte sich nicht um den armen kleinen Schmied, und es war ihm einerlei, wann und wie der nach Hause gelangte.

Der Skorpion

Als Orion wieder in den Wäldern auftauchte, begann für alle Tiere von neuem eine schreckliche Zeit. Seine Keule und sein Schwert waren immerzu blutig, die Jagdhunde unablässig auf der Suche nach einer frischen Spur.

Die Bären versteckten sich ängstlich in ihren Höhlen, und manchmal kroch auch Lepus, der kleine Hase, zu ihnen, um Schutz zu suchen.

„Wie soll denn das weitergehen, wenn wir nie ins Freie können?“ klagte der Hase. „Wir müssen doch Futter suchen. Wir werden noch verhungern!“

„Jetzt, glaube ich, gibt es nur noch eine, die uns helfen kann“, brummte die große Bärin Kallisto.

„Du glaubst wirklich, es gibt noch jemanden? So sag doch, wer das ist, wer kann uns noch helfen?“

Die Bärin seufzte tief und sagte schließlich: „Gaia, die Mutter der Erde. Sie allein vermag es, uns zu helfen.“

„Ja, weißt du denn überhaupt, wie man zu ihr gelangt? Wo ist sie denn zuhause?“

„Es gibt eine Spalte, die tief, unendlich tief ins Berginnere führt. Ich werde versuchen, sie durch diese Spalte herbeizurufen“, erklärte die Bärin.

Ohne eine Antwort abzuwarten, wandte sie sich um und zwängte sich weiter hinein in das Dunkel der Höhle.

Alle Tiere, groß und klein, hielten den Atem an und lauschten. Nach einer Weile hörten sie Kallisto rufen: „Gaia, Gaia, Mutter der Erde, hörst du mich? – Der schreckliche Jäger Orion verfolgt uns, er will alle Tiere ausrotten. Hilf uns, Gaia, Mutter der Erde, rette deine Kinder!“

Sternbild „Skorpion“ – gut sichtbar am 1.7.22 Uhr, 15.6.23 Uhr, 15.7.21 Uhr – nach Süden

Aus dem Inneren der Erde ertönte ein dumpfes Grollen.

„Gaia antwortet uns“, flüsterte Kallisto.

„Was sagt sie denn?“

„So sei doch still, damit ich sie hören kann!“ Kallisto horchte gespannt, bis das grollende Geräusch verstummte.

„Hast du alles verstanden?“ fragte Lepus voller Neugier.

„Sie versprach, uns den Skorpion zu schicken. Der wird uns helfen.“

„Das gefährlichste aller Tiere, den Skorpion?“ flüsterte Lepus zutiefst erschrocken. „Ja, weißt du denn überhaupt, wo wir ihn finden können?“

„Er haust in den Felsenschlucht, die zur Unterwelt führt.“

„Zum Hades? Wo die Toten wohnen? Zu dieser grauenvollen Stätte?“ rief Lepus mit weit aufgerissenen Augen.

„Ja, von dort müssen wir ihn holen.“

Lepus erzitterte vor Schreck.

„Hast du Angst, kleiner Hase?“ fragte die Bärin. „Du mußt nicht mitkommen, ich kann ja allein gehen und dem Skorpion zeigen, wie man zu Orion kommt.“

„Schreckliche Angst hab ich“, gab der Hase zu, „ganz schreckliche Angst. Aber ich werde trotzdem mit dir gehen.“

Lepus nahm all seinen Mut zusammen, und so machten sich die beiden auf zu ihrer nächtlichen Reise: die große Bärin und der kleine Hase.

Je näher sie zur Pforte der Unterwelt kamen, desto öder und einsamer wurde die Gegend. Aus einem dunklen Bergspalt drangen seltsam klagende Laute.

Der Hase spitzte die Ohren: „Ist es hier?“

„Ich glaube, ja“, antwortete Kallisto.

„Was ist das für ein unheimliches Geräusch?“

„Das sind die Klagelaute der Toten“, sagte Kallisto leise. „Fürchtest du dich?“

„Ein bißchen schon!“ Lepus sah sich nach allen Seiten um: „Hoffentlich kommt er bald, der Skorpion.“

„Still“, flüsterte Kallisto, „ich glaube, ich höre etwas.“

Wieder spitzte Lepus die Ohren. Ja, die Bärin hatte recht: Ein scharrendes, knisterndes Geräusch drang zu ihnen. Und plötzlich kam eine Schere des Skorpions zum Vorschein und dann die andere. Es knisterte und scharrte weiter, langsam und bedächtig schob sich der Skorpion aus seiner Felsenritze.

„Was machen wir jetzt?" fragte Lepus. Er hielt sich möglichst weit weg vom Skorpion und starrte auf dessen langen, aufgebogenen Schwanz mit dem gefährlichen Giftstachel.

„Jetzt müssen wir dem Skorpion den Weg zeigen", antwortete die Bärin. „Ich schlage vor, du gehst zuerst, denn du siehst ja so gut im Dunkeln. Dann komme ich, und der Skorpion folgt mir nach. Aber still, damit uns niemand entdeckt!"

Auf dem langen Weg über Felsen und Geröll war nur das Scharren und Knistern des Skorpions zu hören. Kein Nachtvogel rief, keine Grille zirpte, kein Frosch quakte. Es herrschte atemlose Stille.

Schließlich erreichten die drei den Platz, an dem Orion zu schlafen pflegte, und dort fanden sie ihn auch.

Doch als sie näher kamen, geschah es, daß Kallisto auf einen Zweig stieg, der mit einem Knacken zerbrach. Davon erwachte Orion.

Er fuhr auf. „Ein Bär!" schrie er, packte seine Keule und holte zum tödlichen Schlag auf Kallisto aus.

Da war wieder das scharrende Geräusch zu hören.

Orion stieß einen Schmerzensschrei aus und ließ die Keule fallen. „Ein Stich!" stöhnte er, griff nach seiner Ferse, und im nächsten Augenblick sank er leblos zu Boden.

Kallisto und Lepus standen unbeweglich da. Keiner konnte es fassen, daß der gefürchtete Jäger wirklich tot war. Da sahen sie einen Lichtschein zwischen den Bäumen. Der Lichtschein kam immer näher: Es war die Göttin Artemis.

„Ich weiß, was geschehen ist", sagte sie betrübt. „Gaia hat euch geholfen. Sie hat den Skorpion geschickt, und der hat Orion mit seinem Giftstachel getötet."

Dann ging sie hin zu dem toten Jäger und sah ihn lange an.

„Du wirst ihn doch nicht wieder lebendig machen wollen?" fragte Lepus ängstlich.

„Nicht hier auf Erden", antwortete Artemis, „wohl aber am Firmament."

Dann erhob sie ihre Hand – im selben Augenblick war der tote Jäger verschwunden, und am Himmel erstrahlte Orions Sternbild in all seiner Pracht.

„Um seiner Schönheit willen ließ ich Orion zu einem Sternbild werden“, sprach die Göttin. Als sie das Winseln von Sirius und Prokyon hörte, fuhr sie fort: „Seine Hunde dürfen ihm folgen.“

Wieder hob Artemis die Hand, und im nächsten Augenblick befanden sich die beiden Hunde am Himmel neben Orion, ihrem Herrn.

„Und auch der Skorpion soll unsterblich werden, weil er euch geholfen hat“, bestimmte die Göttin. Aber ihn sandte sie an einen ganz anderen Ort am Himmelszelt.

Dann wandte sich Artemis der Bärin Kallisto zu: „Dich, du großer Bär, dich setze ich auch auf den Himmel, damit du Orion auf ewig im Auge behalten kannst.“

„Aber mein Sohn!“ rief Kallisto ängstlich, ehe die Göttin wieder ihre Hand hob. „Was soll aus meinem Sohn werden?“

„Der Kleine Bär soll den Großen begleiten!“ rief Artemis. Abermals erhob sie ihre Hand: „Lebt wohl!“

„Leb wohl!“ riefen nun auch der Große und der Kleine Bär, während beide himmelwärts wirbelten, um ihren Platz am Firmament einzunehmen.

Nun war nur noch Lepus übrig, und die Göttin sah den kleinen Hasen freundlich an: „Du sollst deinen Platz zu Füßen des Jägers haben“, erklärte sie. „Dort kannst du fürderhin seinen Schritten lauschen und dein Spiel mit dem Jäger und den Hunden weitertreiben.“

„Danke für diese große Ehre, Artemis“, beeilte sich Lepus zu sagen. „Aber wenn ich wählen dürfte, so würde ich ganz gern mein Leben hier auf der Erde noch ein bißchen fortsetzen. Das mit den Sternen kann ja noch warten – wenn du es mir nicht übel nimmst.“

Da lächelte Artemis: „So hüpf du hier weiter und leb dein Leben bis zum Ende. Danach werde ich dich zu deinem Platz am Himmelszelt hinaufführen!“

Die Geschichte vom Hasen

Alle Tiere jubelten und atmeten erleichtert auf: endlich waren sie den Jäger Orion für immer losgeworden. Der kleine Hase konnte nun in Ruhe herumhopsen und alle Leckerbissen im Wald und auf den Wiesen verschmausen, ohne gestört zu werden.

Aber als Ostara, die Frühlingsgöttin, das nächste Mal durch den Wald wanderte, sah sie den Hasen ganz traurig und mit hängenden Ohren dasitzen.

„Was ist denn los, Lepus?“ erkundigte sie sich. „Bist du nicht mehr zufrieden mit deinem Hasenleben?“

„Ich weiß nicht recht“, seufzte Lepus, „gerade jetzt, im Frühling, fühle ich mich so eigenartig.“

„Willst du vielleicht wieder in einen Vogel verwandelt werden?“

„Nein, das will ich nicht“, antwortete Lepus. „Es macht mir ja Spaß, herumzuhopsen und ein Hase zu sein. Es ist nur so, daß ...“ Der Hase verstummte und seufzte bekümmert.

„Nun sag, was bedrückt dich denn?“ fragte die Göttin.

„Etwas fehlt mir gar so sehr: weißt du, ich kann keine Eier mehr legen. Schau, ich hab hier im Gras ein kleines Nest zusammengebaut, aber Eier gibt es keine“, klagte der Hase.

„Wenn es sonst nichts ist“, sagte Ostara und streichelte den Hasen. „Komm, leg dich in das Nest, Lepus, und sei ganz still. So ...“

Ostara beugte sich zum Hasen nieder und hauchte ihn an. „Und nun, Lepus, schau nach, was geschehen ist!“

Der Hase schaute vorsichtig ins Nest und holte tief Atem: „Ein Ei! Ich hab ein Ei gelegt!“

Die Frühlingsgöttin beugte sich abermals zu dem kleinen Hasen nieder, und jetzt hauchte sie ihn zweimal an.

„Noch zwei Eier!“ rief Lepus, außer sich vor Glück. „Jetzt sind drei Eier im Nest, ein rotes, ein grünes und ein blaues!“

Ostara lächelte. „Nun sollst du ein Geheimnis erfahren“, flüsterte sie. „Ab jetzt soll der Hase einmal im Jahr Eier legen können. Einmal in jedem Frühling. Das ist mein Geschenk für dich, Lepus. Und nun, leb wohl!“

Und während der Hase stolz und glücklich seine schönen Eier bewunderte, wanderte die Frühlingsgöttin weiter durch den Wald.

Das Schauspiel am Himmel

„Und so ist es seither geblieben", erklärte der Onkel. „Denn ihr wißt doch, daß die Hasen einmal im Jahr Eier legen können."

„Wirklich?" fragte Kristoffer erstaunt.

Jenny lachte: „Der Onkel meint natürlich den Osterhasen, kapiert?"

„Ach so, der", sagte Kristoffer.

„Ja, der Osterhase kommt doch einmal im Jahr mit seinen Eiern." Der Onkel lächelte. „Übrigens, habt ihr es bemerkt? Die Frühlingsgöttin heißt Ostara ... fällt euch da nicht etwas auf?"

„Ostara – Ostern", murmelte Jan – und plötzlich rief er: „Ja, natürlich! Jetzt weiß ich, was du meinst!"

„Richtig: das Wort Ostern kommt von Ostara, und auch das englische Wort für Ostern, Easter, klingt doch sehr ähnlich."

„Toll, wie das alles zusammenhängt!" rief Kristoffer begeistert. „Sternbilder, Osterhasen und alles mögliche!"

„Und alle Geschichten über die Sternbilder, die wir uns gewünscht haben, die hängen ja auch zusammen", stellte Jenny fest. „Ich begreif gar nicht, wie Onkel Martin das so gut fertiggebracht hat."

„Das war gar nicht so schwer", erklärte der Onkel. „Wißt ihr, alle diese Sagen hat man einmal so und einmal so erzählt. Man hat sie ein bißchen verändert, das eine weggelassen, anderes wieder dazugedichtet – und ich muß zugeben, ich hab auch ein klein wenig dazuerfunden, genauso wie die Hirten und Bauern vor Tausenden von Jahren."

„Das hast du wirklich toll gemacht, Onkel", lobte Kristoffer. „Aber sag, ist dieser Orion wirklich am Himmel wieder lebendig geworden? So, wie es die Göttin dem Hasen Lepus erklärt hat?"

„Es gibt eine Geschichte, die berichtet, daß Ophiuchus, der Schlangenträger, ein Arzt aus der Antike, dem Orion ein Gegengift gab und dadurch sein Leben rettete. Diesen Schlangenträger gibt es auch als Sternbild. Das alles können wir am Himmel beobachten", erklärte der Onkel. „Wenn Orion im Westen hinter dem Horizont verschwindet, steigt der Skorpion im Osten auf. Und wenn der Skorpion im Südwesten untergeht, erhebt sich der Schlangenträger über ihm – das bedeutet, daß er den gefährlichen Skorpion niedertritt und Orion das Gegengift gibt. Und wenn dann der Schlangenträger im Westen verschwindet, versucht Eos, die Morgenröte, so lang wie nur möglich an Orions Seite zu bleiben. Wenn dann schließlich Orion verschwunden ist, weint Eos ihre Tränen, und die glitzern jeden Morgen auf Blumen und Blättern."

„Tautropfen! Das sind doch die Tautropfen!" rief Jenny.

„Ganz recht. Und auf diese Weise läuft das uralte Schauspiel vom Streit zwischen dem Himmelsjäger Orion und dem Skorpion Jahr für Jahr, Sommer und Winter, wie ein großartiger Film auf der riesigen Himmelsleinwand ab."

„Toll!" rief Kristoffer ganz begeistert. „Und wer diesen Film sehen will, braucht nicht einmal eine Eintrittskarte zu bezahlen!"

Am nächsten Tag hatte es zu regnen aufgehört, und der Abend war sternenklar und schön. Alle waren damit einverstanden, auf den Aussichtsberg hinaufzugehen. Oben angekommen, hielten die Kinder sofort Ausschau nach den Sternbildern, von denen der Onkel gestern erzählt hatte.

Der Große und der Kleine Bär waren leicht zu erkennen. Dann zeigte der Onkel den Kindern auch noch den Skorpion, der schon im Begriff war, im Westen unter den Horizont zu kriechen. Die sieben Sterne der Pleiaden waren gerade dabei, im Osten aufzugehen. Doch den Orion konnten die Kinder nirgends entdecken. Als der Onkel ihnen sagte, daß der Himmelsjäger um diese Jahreszeit erst gegen zwei Uhr morgens aufzusteigen pflegt, versicherte Kristoffer, daß er wach und groß genug sei, die ganze Nacht aufzubleiben, um auf den bösen Jäger Orion zu warten.

„Da würde dich aber bald frieren", lachte der Onkel.

Eine Weile saßen alle vier still da. Über das Wasser wehten die Töne einer Ziehharmonika zu ihnen – sie kamen von einem Segelboot, das die Bucht verließ und hinaus aufs Meer steuerte.

„Ich kann gar nicht begreifen, daß die sich getrauen, im Dunkeln zu segeln", sagte Kristoffer. „Die können doch auf Grund laufen."

Jan, der schon einige Male auf einem Segelboot mitgefahren war, belehrte den kleinen Bruder: „Es ist ja fast kein Wind, und sie fahren auch ganz langsam, das sieht man an den Bootslichtern. Außerdem haben sie bestimmt Kompaß und Seekarte mit, und Leuchttürme gibt es auch, nach denen sie sich richten können."

„Aber weiter draußen auf dem Meer gibt es doch sicher keine Leuchttürme mehr", wandte Kristoffer ein.

„Dann richtet man sich eben nach dem Kompaß. Stimmt doch, Onkel, oder nicht?"

„Jaja, das stimmt schon", sagte der Onkel. „Und dann dürft ihr noch etwas nicht vergessen: Man kann sich auch mit Hilfe der Sterne orientieren."

„Ja, schon, aber ist das nicht altmodisch?" fragte Jan.

„Oh nein, den Sternen kommt noch immer eine große Bedeutung zu. Überlegt doch: ein einsamer Weltumsegler auf dem weiten Meer, ein Schiff, das vom richtigen Kurs abgekommen ist und dessen Navigationsinstrumente nicht funktionieren: sie haben noch immer die Sterne, die ihnen helfen können, ihren richtigen Weg zu finden."

„Daran hab ich nicht gedacht!" mußte Jan zugeben.

„Aber ich denk schon die ganze Zeit daran, was für eine Geschichte ich heute über die Sterne hören möchte", warf Jenny ein.

„Nun, was hast du dir denn vorgestellt, Jenny?" fragte der Onkel.

„Also, ich würde gern etwas Romantisches hören. Etwas, das zu der Ziehharmonikamusik dort draußen paßt", sagte Jenny verträumt, „etwas, das zu Herzen geht!"

„Geh, hör auf!" protestierte Kristoffer. „Das ist ja langweilig. Ich möcht lieber etwas Spannendes hören, wo es einen so richtig gruselt!"

„Das hast du doch jetzt jeden Abend gehabt", sagte Jenny.

„Und wie wär's", schlug Jan diplomatisch vor, „wenn es ein bißchen spannend und ein bißchen romantisch würde? Fällt dir da was ein, Onkel Martin?"

„Nun, ich will versuchen, alles unter einen Hut zu bringen." Der Onkel dachte eine Weile nach. „Unsere romantische Jenny will etwas hören, das zur Musik paßt, und Kristoffer will es spannend haben ... Da werde ich euch heute die Geschichte von der Lyra erzählen!"

„Was ist denn das, eine Lyra?" wollte Kristoffer wissen.

„Die Lyra ist ein sehr altes Saiteninstrument. Sie erinnert ein wenig an eine Harfe, ist aber viel kleiner und einfacher gebaut. Schaut einmal auf den Himmel! Seht ihr dort, am westlichen Rand der Milchstraße, die kleine Sternengruppe mit dem besonders hellen Stern? Sein Licht ist fast blau. Das ist das Sternbild der Lyra."

Jenny entdeckte den blauen Stern als erste: „Ja, dort, ich seh ihn. Der ist aber hell!"

„Das ist die Vega, sie ist von allen Sternen am Himmel der vierthellste", erklärte der Onkel.

„Und wie geht die Geschichte von der Lyra?" fragte Kristoffer ungeduldig.

„Die Lyra, ja, sie war das Instrument von Apollo, dem Gott der Dichtkunst und der Musik. Aber der erste, der auf der Lyra Musik gemacht hat, war nicht Apollo, sondern Hermes, sein Halbbruder. Hermes hat dieses wunderbare Instrument nämlich erfunden."

„Hermes? Das war doch der Briefträger der Götter", unterbrach Kristoffer.

Jan lachte: „Nicht Briefträger! Er war Götterbote, du Schafskopf!"

„Das ist doch dasselbe. Jedenfalls war es der mit den Flügeln an den Füßen, der dem Perseus geholfen hat — das stimmt doch, nicht wahr?“

„Ja, das stimmt“, sagte der Onkel. „Hermes borgte Perseus seine beflügelten Sandalen. Aber dieser Hermes war nicht nur der Bote der Götter, er hatte auch noch viele andere Aufgaben: Mit seinem goldenen Stab begleitete er die Toten in die Unterwelt, und er schenkte den Menschen Schlaf und Träume, indem er sie mit seinem Stab berührte. Außerdem wurde er noch als Gott der Beredsamkeit verehrt.“

„Was bedeutet denn das schon wieder?“ wollte Kristoffer wissen.

„Daß er ein großer Plauderer war, so wie du zum Beispiel“, erklärte Jan.

„Aber das war noch immer nicht alles! Hermes war auch noch der Gott der Kaufleute und sogar der Diebe. Ihr seht, er hatte also wirklich viel zu tun“, lachte der Onkel.

„Was, die Diebe hatten einen eigenen Gott? Das find ich aber spaßig!“ platzte Kristoffer heraus.

„Jaja, im alten Griechenland jedenfalls gab es einen solchen Gott“, bestätigte der Onkel.

Jan schüttelte belustigt den Kopf: „Komisch, diese alten Götter waren wirklich großartig. In einen Goldregen konnten sie sich verwandeln und die Diebe haben sie beschützt.“

Der Onkel schmunzelte: „Du hast ganz recht, im griechischen Götterhimmel war es bestimmt nie langweilig. Die Götter haben gestritten und sich gegenseitig Streiche gespielt, sie waren listig und voller Übermut – nicht viel anders als wir Menschen. So, und jetzt will ich euch erzählen, wie Hermes die Lyra erfunden hat. Das ist eine richtig lustige Geschichte.“

„Dann los, Onkel, fang an!“

„Also, hört gut zu!“ – Und der Onkel begann zu erzählen.

Der König aller Diebe

Hermes wurde in einer Grotte hoch oben in den Bergen geboren. Aber das war bei Gott nicht irgendeine Grotte! Sie war groß und schön eingerichtet und gehörte seiner Mutter. Die hieß Maia und war eine der Pleiaden. Der Vater von Hermes war kein Geringerer als Gott Zeus.

Schon vom ersten Augenblick an benahm sich Hermes wie ein schlauer und listiger Lausbub. Zeitig am Morgen kam er zur Welt, und bereits einige Stunden später, seine Mutter hatte ihn für kurze Zeit alleingelassen, strampelte er sich aus den Windeln, machte einen Hopser aus der Wiege und schlich sich aus der Grotte, um zu sehen, was es zu erkunden gab.

Draußen auf der Wiese entdeckte er eine Schildkröte, die an einem kleinen Bach nach Futter suchte und ihre Beine nach Schildkrötenart hinter sich her zog. Das gefiel Hermes. Er lachte begeistert und lief zu ihr.

„Welch ein Glück, daß ich dich treffe!“ rief er. „Willkommen, du schöne Tänzerin, du bist mir ein lieber Spielkamerad, du kommst ja wie gerufen!“

Die Schildkröte blinzelte ihn kurz an, dann streckte sie ihren runzeligen Hals wieder aus und fraß weiter.

Hermes klopfte auf ihren Rücken und lauschte verwundert: „Wie schön dein Schild klingt! Wo bekommt man ein so liebliches Spielzeug – hier oben in den Bergen?“

Doch die Schildkröte kümmerte sich nicht um seine Worte, sie fuhr in aller Ruhe fort, das saftige Gras zu fressen.

„Warum gibst du mir keine Antwort?“ fragte Hermes. „Ist es vielleicht ein Geheimnis, das du mir nicht verraten willst? Oder ist dir ganz einfach zu heiß, und du willst deshalb nicht

Sternbild „Lyra“ – gut sichtbar am 1.1.6 Uhr, 1.5.22 Uhr, 15.5.21 Uhr – nach Osten

mit mir plaudern? Wenn dem so ist, dann mache ich dir einen Vorschlag: Kriech doch ganz einfach aus deiner Schale und nimm hier im Bach ein kühles Bad. Danach werde ich dir zeigen, wie wunderschön man auf deinem Schild spielen kann, und ich will dich lehren, so schön zu singen, daß alle nur so staunen werden."

Die Schildkröte hatte aufgehört, das Gras zu kauen, und lauschte andächtig Hermes' Worten. Und weil es tatsächlich sehr warm war, zwängte sie sich aus ihrer Schale und plumpste hinein in den Bach. Der listige Hermes jedoch packte ihren Panzer, und flink wie der Wind lief er zurück in die Grotte.

Dort teilte er den Schildkrötenpanzer in zwei Teile und befestigte am Rückenschild, der als Klangkörper dienen sollte, zwei Schilfhalme. Schließlich spannte er sieben Saiten aus Schafdärmen auf – und schon begann er auf seinem neuen Instrument zu spielen.

„Da habe ich aber wirklich etwas Schönes erfunden!" rief er begeistert, als er den lieblichen Klang hörte. „Ein richtiges Musikinstrument! Wie soll ich es nur benennen?"

Er dachte eine Weile nach. „Vielleicht ... Lyra? Das klingt gut. Und nun werde ich auch noch ein Lied erfinden, ein schönes und feierliches Lied! Ich hab's: Ich werde ein Lied über meine Geburt singen! Das ist doch wahrhaftig ein freudiges und sehr wichtiges Ereignis. Welch ein Glück, daß meine Eltern auf die wunderbare Idee gekommen sind, mich in die Welt zu setzen – dafür sei ihnen gedankt!"

Und Hermes griff in die Saiten und sang ein frohes Lied zur Ehre seiner Eltern und lobte den Tag seiner Geburt.

Aber es dauerte nicht lange, da schossen ihm schon wieder neue Gedanken durch den Kopf. Er verspürte plötzlich großen Appetit auf Fleisch und dachte nach, wie er wohl zu einem ordentlichen Happen kommen könnte.

Da fiel ihm sein Halbbruder Apollo ein, der viele schöne Kühe besaß. Sogleich entschloß er sich, Apollos Herde einen Besuch abzustatten und zu versuchen, ihm ein paar Tiere zu stehlen.

Er legte die Lyra in seine Wiege, band sich die Windeln fest und zog los. Noch bevor die Sonne untergegangen war, gelang es ihm, zu dem Platz zu kommen, wo das unsterbliche Vieh der Götter graste.

Rasch lockte er fünfzig Kühe von der Herde weg. Dann setzte er sich am Rand der Wiese nieder und überlegte: Wie sollte er es am besten anfangen, die Tiere wegzutreiben, ohne Spuren zu hinterlassen?

Da kam ihm folgende Idee: Er flocht Zweige zu riesengroßen Sohlen zusammen, und die band er sich an die Füße. Dann begann er, die Kühe rücklings zu treiben – ihre Hufspuren, die also in die entgegengesetzte Richtung führten, sollten Apollo verwirren.

Er mußte sich beeilen, denn der Weg, den er zu gehen vorhatte, war lang. Nach einiger Zeit begegnete Hermes einem alten Mann, der in seinem Weingarten stand und arbeitete. Der starrte ihn erstaunt und mit offenem Mund an. Er wunderte sich über das kleine Kind und über die Kuhherde, die rückwärts trottete.

Hermes ging ein paar Schritte auf den Mann zu und drohte ihm mit erhobener Faust: „Du, Alter, wenn du in diesem Jahr Trauben auf deinen Weinstöcken haben willst, so tust du gut daran, nichts gesehen und nichts gehört zu haben! Wenn du mich verrätst, wird es dir schlecht ergehen! Merk dir das!" Hermes schnürte seine Riesensohlen fester, zog die Windeln stramm und wanderte mit seiner Herde weiter durch blühende Wiesen und über Berg und Tal.

Es war schon Morgen geworden, als er endlich eine abgelegene Grotte erreichte. Hier gedachte er die gestohlenen Kühe zu verstecken. Er ließ sie noch eine Weile grasen, damit sie ordentlich satt waren, dann trieb er sie in das Versteck und schob ein paar Felsbrocken vor den Eingang, damit seine Diebsbeute nicht entkommen konnte. Zu guter Letzt machte er noch ein Feuer und brachte den Göttern ein Opfer dar. Er vergaß auch nicht, seine Riesensohlen, die ihn verraten könnten, in den Fluß zu werfen, ehe er sich auf den Heimweg begab.

Erst am nächsten Morgen erreichte er die Grotte seiner Mutter. Dort schlich er sich als Nebel durchs Schlüsselloch, kroch rasch in seine Wiege hinein, band sich neue Windeln um und begann, mit dem Leintuchzipfel zu spielen, ganz so, wie es eben Wickelkinder zu tun pflegen.

Es gelang ihm jedoch nicht, seine Mutter zu hintergehen.

„Woher kommst du denn mitten in der Nacht?“ rief sie. „Wo bist du denn gewesen, du kleiner Lausbub? Versuch nur ja nicht, jetzt unschuldig dreinzuschauen, du Taugenichts! Ich weiß schon, was du angestellt hast. Gleich werden wir Apollo hier haben, und der wird dir einen Strick um den Bauch binden und dich aus der Höhle schleppen! Willst du denn wirklich wie ein Dieb in den Bergschluchten herumstreunen? Ach, was mach ich nur mit dir?“

„Wie kannst du nur so reden?“ fragte Hermes beleidigt. „Du sprichst ja zu mir, als wäre ich ein kleines Kind! Ich werde dir jetzt ein Geheimnis verraten: Ich habe vor, ein Meisterdieb zu werden. Ja, das habe ich beschlossen. Und als Meisterdieb kann ich in aller Zukunft für dich und mich sorgen.“

„Hat man so etwas je gehört!“ rief Maia entsetzt. „Was bist du doch für ein mißratenes Kind!“

„Warum sollen gerade wir beide in Armut leben?“ trotzte Hermes. „Wäre es nicht schöner, mit den anderen Göttern zusammen in Reichtum und Überfluß zu baden, als hier in diesem dunklen Loch zu hocken?“

„Was redest du denn da für Dummheiten“, unterbrach ihn Maia.

„Ach was, Dummheiten ... Ich möchte genauso geehrt werden wie mein Bruder Apollo!“ rief Hermes.

„Er ist nur dein Halbbruder“, sagte Maia.

„Aber wir haben denselben Vater! Und wenn mein Vater ungerecht ist und mir nicht gutwillig gleichviel gibt wie meinem Bruder, so bleibt mir nichts anderes übrig, als der König der Diebe zu werden. Und wenn Apollo versuchen sollte, mich aufzuspüren, dann tut er mir jetzt schon leid. Da könnte es nämlich geschehen, daß ich in sein Haus einbreche und ihm sein nobles Gold und seine feinen Kleider wegnehme. Und du, Mutter, du kannst gerne mitkommen und mir dabei zuschauen, wenn du Lust hast!“

Hermes zwinkerte seiner Mutter übermütig zu, und die wußte nun wirklich nicht, ob sie lachen oder schimpfen sollte.
„Eines ist jedenfalls gewiß“, seufzte sie schließlich, „du wirst noch zum großen Kummer werden – für die Menschen, wie auch für die Götter!“

Apollo hatte natürlich bereits entdeckt, daß ein Teil seiner Kühe abhanden gekommen war, und er machte sich auf, nach ihnen zu suchen. Als er dem alten Mann im Weingarten begegnete, fragte er ihn, ob er vielleicht seine Kühe gesehen hätte. Der Mann wackelte mit dem Kopf und begann, von einem winzigkleinen Buben zu erzählen, der eine Schar von Kühen rücklings vorbeigetrieben hatte.
Da wußte Apollo sofort, wer seine Kühe gestohlen hatte. Es dauerte nicht lange, da hatte er auch schon Maias Grotte ausfindig gemacht. Zornerfüllt stieg er über die Steinschwelle.
Als Hermes das wütende Gesicht seines Bruders sah, kroch er geschwind in seine Wiege, zog sich die Decke über den Kopf und stellte sich schlafend.
Doch so leicht war Apollo nicht hinters Licht zu führen. Mit ein paar Schritten war er bei der Wiege und riß mit einem Ruck die Decke weg.
„Da liegst du, du kleines Miststück!“ rief Apollo. „Da liegst du und tust so, als würdest du schlafen. Versuch nur ja nicht, einen unschuldigen Säugling zu spielen! Mir machst du nichts vor. Heraus mit der Sprache! Und wenn du mir nicht augenblicklich sagst, wo meine Kühe sind, dann schmeiß ich dich hinunter in die Unterwelt, und weder dein Vater noch deine Mutter können dir je wieder ans Tageslicht helfen. Dort unten kannst du auf ewig den Toten Gesellschaft leisten!“
Hermes sah seinen Bruder vorwurfsvoll an: „Jetzt bist du aber ganz schön unfreundlich zu deinem kleinen Bruder, Apollo! Was sind das eigentlich für Kühe, die du suchst?“ fragte er unschuldig und sperrte die Augen weit auf. „Ich habe nicht das geringste von einer Kuh gesehen oder gehört, also kann ich dir auch nichts davon erzählen – nicht einmal, wenn

du mich bezahlst dafür. Glaubst du wirklich, daß ich kleiner Wicht stark genug bin, Kühe wegzutreiben? Nein, mit so etwas würde ich mich niemals abgeben. Ich habe alle Hände voll zu tun, hier in meiner schönen Wiege zu liegen, die gute Milch meiner Mutter zu trinken und zu schlafen, das kannst du mir glauben!"

„Noch nie in meinem Leben habe ich so viele Lügen auf einmal gehört!" rief Apollo entrüstet.

Hermes schüttelte bekümmert den Kopf. „Aber Apollo, überlege doch, was du sagst. Wenn das den Leuten zu Ohren kommt! Du beschuldigst ein neugeborenes Kind, daß es seine Wiege verlassen hat und Kühe stehlen gegangen ist. Außerdem Kühe – was ist denn das überhaupt?" Er blinzelte seinen Bruder treuherzig an und begann mit seinen Zehen zu spielen.

Apollo fiel es schwer, sein Lachen zu verbeißen. „Du kleiner Fratz!" rief er. „Du benimmst dich ja wie ein alter, hartgesottener Gauner! Aber das eine sag ich dir: wenn du jetzt nicht gleich aus deiner Wiege steigst und mir zeigst, wo meine Kühe sind, hat dein letztes Stündchen geschlagen – du – du König der Diebe!"

„Ja, glaubst du denn, daß ich selber gehen kann? Ich, ein neugeborenes Kind?" quietschte Hermes.

„Nun, dann nehme ich dich eben auf meinen Arm und trage dich hinaus", sagte Apollo und hob seinen kleinen Bruder aus der Wiege.

„Das wirst du noch bereuen", verkündete Hermes schadenfroh. Und im nächsten Augenblick rann ein warmes Bächlein durch die Windeln über Apollos Arm hinunter.

„Nein, was machst du, du Ferkel!" schrie Apollo. „Du machst mich ja ganz naß!"

„So ist das eben bei uns Wickelkindern. Jetzt mußt du mir meine Windeln wechseln", erklärte Hermes zufrieden.

„Das geht aber wirklich zu weit! Glaubst du im Ernst, daß ich, Apollo, deine Windeln wechseln werde? Meinst du, ich habe nicht bemerkt, daß du mich absichtlich naß gemacht hast, du Racker? Los, raus mit dir, zeig mir schleunigst, wo meine Kühe sind!"

Und ehe Hermes sich's versah, hatte er von seinem großen Bruder schon einen Klaps auf den Popo bekommen.

„Au!“ schrie er. „Warte nur, jetzt geh ich aber wirklich zu Vater Zeus und werde ihm erzählen, daß du mich geschlagen hast! Du mit deinen alten Kühen! Ich wünschte, daß es auf der ganzen Welt überhaupt keine Kühe gäbe! Ich wünschte ...“

„Du, hör einmal, jetzt beeil dich aber, sonst...“, rief Apollo warnend und hob wieder die Hand.

Hermes sprang auf und zeigte seinem Bruder die Zunge: „Bäh! Dir werd ich es schon noch zeigen“, schrie er und lief mit wehenden Windeln davon.

Geradewegs zum Olymp, zur Wohnstätte der Götter, rannte er. Dort kletterte er Vater Zeus auf die Knie, und seinem Bruder Apollo, der ihm auf den Fersen gefolgt war, zeigte er die lange Nase.

Zeus tat so, als würde er Hermes nicht kennen. Er fragte Apollo, wo er denn diesen munteren Dreikäsehoch aufgegabelt habe.

Da mußte Apollo natürlich die ganze Geschichte erzählen: von den gestohlenen Kühen, von Hermes' Trick mit den riesengroßen Sohlen und von allem, was er sonst noch angestellt hatte.

„Und sooft dieser listige kleine Räuber den Mund aufmacht, kommt nichts anderes als eine Lüge heraus!“ rief Apollo.

„Lügen? Du behauptest, daß ich lüge?“ begehrte Hermes auf. „Vater Zeus, nun hör mir gut zu, und was ich jetzt sage, ist die reine Wahrheit, denn ich spreche wahrhaftig immer die Wahrheit! Dieser Apollo, mein Bruder, beschuldigt mich, seine Kühe gestohlen zu haben, obwohl er keinen einzigen Zeugen dafür hat. Mit Gewalt will er mich zwingen, das zuzugeben, und droht auch noch, mich in die Unterwelt zu werfen – wo er doch so groß und stark ist und ich so schwach und klein! Und nun muß ich hier vor allen Göttern stehen und mich schämen. Dafür wirst du büßen, Apollo! Und du, Vater Zeus, du solltest mich wirklich in Schutz nehmen, wo ich doch erst neugeboren und so klein bin, und so...“

Da brachen alle Götter in schallendes Gelächter aus, und sogar der gestrenge Göttervater Zeus mußte lachen. Doch dann ermahnte er seine Söhne, sich zu vertragen. Er befahl Hermes, Apollo zu zeigen, wo er die Kühe versteckt hatte, und Hermes mußte gehorchen.

Es blieb ihm nichts anderes übrig, als Apollo zu der verborgenen Grotte zu führen und das Vieh herauszutreiben. Als er mit den Tieren ins Freie kam, sah er, daß Apollo dabei war, Pfähle in den Boden zu schlagen.

„Was machst du da?" fragte Hermes mißtrauisch.

„Ich schlage Pfähle ein, um die Kühe anbinden zu können", anwortete Apollo und band einige Tiere mit starken Seilen fest. „So, und jetzt kommst du dran", fuhr er fort und schlang einen Strick um den Bauch seines Bruders.

„Was? Du willst mich wie ein Stück Vieh anbinden?" klagte Hermes mit Tränen in den Augen. „Wie kannst du nur deinen lieben kleinen Bruder so schlecht behandeln?"

„Bei dir weiß man nie, wie man dran ist", sagte Apollo. „Und wenn ich jetzt noch eine Runde mache, um zu sehen, ob alle Tiere mitgekommen sind, ist es wohl am besten, dich festgebunden zu wissen."

Mit diesen Worten verschwand Apollo in der Höhle.

Hermes begann sogleich nachzudenken, welchen Streich er seinem Bruder noch spielen könnte. Da fiel ihm sein Musikinstrument ein. Er nahm die wunderbare Lyra hervor und begann zu spielen.

Und siehe da, die Pfähle schlugen Wurzeln, begannen zu wachsen und streckten große Äste aus.

Hermes spielte weiter, und da sprießte Laub aus den Zweigen, und als Apollo zurückkam, stand rund um die Tiere ein dichter Ring großer Bäume.

„Woher kommen all diese Bäume?" rief Apollo verwundert aus, „und wo sind meine Kühe?"

„Du warst so lange fort, Apollo", hänselte ihn Hermes, „weißt du, unterdessen haben die Stäbe Zeit gehabt, Wurzeln zu schlagen und zu wachsen. Deine Kühe stehen drinnen, zwischen den Bäumen."

Apollo versuchte vergeblich ein paar Zweige loszubrechen. „Die Bäume stehen so dicht, daß sich die Tiere nicht vom Fleck rühren können", rief er verärgert. „Wie hast du denn das wieder fertiggebracht?"

„Mit Hilfe von dem da", antwortete Hermes stolz und schlug ein paar Akkorde auf seiner Lyra.

Apollo stand wie verzaubert da und lächelte selig. „Welche Töne! Noch nie zuvor habe ich so etwas Schönes gehört! Was ist das für ein Instrument?"

„Das ist eine Lyra", sagte Hermes. „Ich habe sie selbst gemacht." Er spielte weiter.

Apollo ging auf seinen Bruder zu: „Seltsam, gerade war ich noch so bös auf dich. Doch plötzlich ist mein Zorn wie weggeblasen. Diese wunderbaren Töne dringen mir bis ins Herz und erfüllen meine ganze Seele."

Er beugte sich nieder und umarmte seinen Bruder.

„Daß es dir geglückt ist, solch ein Instrument zu schaffen! Wie ich dich bewundere! – Was sind denn dagegen meine fünfzig Kühe?"

Hermes ließ sanfte Melodien durch die Saiten streichen, und Apollo lauschte glückselig den Tönen der Lyra.

Schließlich sagte er leise: „Drei Dinge schenkt uns der Klang dieses Saitenspiels: Liebe, Freude und wundersamen Schlaf. Für so ein Instrument gäbe ich gerne alles hin, was ich besitze!"

Hermes hörte auf zu spielen. „Willst du meine Lyra haben?" fragte er und streckte sie Apollo entgegen. „Bitte schön, da hast du sie!"

„Du willst mir wirklich deine Lyra geben?" fragte Apollo zutiefst erstaunt.

„Aber ja! Sie gehört dir!" versicherte Hermes und drückte seinem Bruder das Instrument in die Hand.

„Und was willst du dafür haben?" wollte Apollo wissen.

„Deinen Hirtenstab", erklärte Hermes.

„Bitte, hier ist er. Und außerdem schenke ich dir meine ganze Herde. Willst du noch etwas?" fragte Apollo lächelnd.

„Den goldenen, mit drei Blättern verzierten Stab hier, der

seinem Besitzer Reichtum schenkt – ja, den würde ich wohl auch gerne haben", sagte Hermes und guckte seinen Bruder abwartend an, um zu sehen, ob er nicht doch zu viel begehrt habe.

Apollo aber lachte nur und hielt seinem Bruder den Stab entgegen: „Den Stab des Reichtums gebe ich mit Freuden fort!" rief er aus. „Und – hast du vielleicht noch einen Wunsch?"

„Ja, ich hätte gerne eine Aufgabe, die mich berühmt macht: Ich möchte eine Tätigkeit ausüben, die mir und meiner Mutter Anerkennung bei den Göttern verschafft", erklärte Hermes nach einigem Überlegen. „Wie wäre es, Apollo, wenn ich dein Amt als Seelenbegleiter übernehmen dürfte? Ich würde gerne derjenige sein, der die toten Seelen in die Unterwelt führt."

„Gut. Sobald du groß bist, werde ich dir dieses Amt überlassen", versicherte Apollo und umarmte seinen kleinen Bruder noch einmal. „Denn so lieb ist mir nun Maias Sohn geworden, daß ich gerne alles mit ihm teilen möchte."

Daraufhin schickten sich die Brüder an, das Vieh loszubinden und es zu dem Weideplatz zu treiben, wo die göttliche Herde zu grasen pflegte.

In größter Eintracht stiegen sie dann zum Olymp empor, und alle Götter freuten sich darüber, daß die beiden Brüder nun Freunde geworden waren.

Hermes mußte einen heiligen Eid schwören, daß er niemals auch nur den geringsten Versuch machen werde, seinem Bruder die Lyra wieder zu stehlen, und als Gegenleistung sollte Apollo danach trachten, daß sowohl Hermes wie auch seine Mutter, die schüchterne Pleiade Maia, bei den Göttern stets willkommen seien. Und Zeus persönlich ernannte seinen jüngsten Sohn auch noch zum Boten der Götter und verlieh ihm das Recht, sowohl mit den Menschen wie auch mit den Göttern Umgang zu pflegen.

Der Onkel verspricht weiterzuerzählen

Onkel Martin hatte seine Erzählung beendet.

Kristoffer war ganz begeistert: „Dieser Hermes! So ein Tausendsassa!"

Jenny aber verzog den Mund: „Ist das wirklich die richtige Geschichte von der Lyra?" fragte sie mißtrauisch. „Oder hast du wieder einmal etwas dazuerfunden?"

„Du kannst mir glauben, diese Geschichte ist einige tausend Jahre alt", versicherte der Onkel lachend. „Homer selbst ist es gewesen, der sie niedergeschrieben hat."

„Wer ist denn das schon wieder?" fragte Kristoffer.

„Das ist ein alter Grieche, der eine Menge Geschichten geschrieben hat", klärte ihn Jan auf. „Wenn du größer bist, wirst du in der Schule von ihm lernen."

„Also eigentlich finde ich es gar nicht komisch, wenn sich die Götter wie gewöhnliche Menschen benehmen", erklärte Jenny mißbilligend.

„Aber geh, das ist doch gerade das Witzige!" widersprach Jan seiner Schwester. „Kapierst du das nicht?"

„Nun, darüber werdet ihr doch nicht zu streiten anfangen!" fuhr der Onkel dazwischen. „Schaut, die Hirten und die Bauern im alten Griechenland wollten ihre Götter ungefähr so sehen, wie sie selber waren", erklärte er, „nur ein bißchen stärker, klüger und listiger. Deshalb stellten sie sich Hermes zunächst wie einen gewöhnlichen Hirten vor, in einem weiten Umhang, mit einer Filzmütze auf dem Kopf. In den später entstandenen Geschichten, als ihn die Götter in den Olymp aufnahmen, wurde er schon viel gottähnlicher beschrieben. Und dann gibt es noch eine Erzählung über die Lyra, in der man Hermes von einer ganz anderen Seite kennenlernen kann."

„Ist das eine ernste Geschichte?" fragte Jenny.

„Das will ich meinen", antwortete der Onkel. „Sie handelt vom Sänger Orpheus, der sich bis tief hinunter ins finstere Totenreich begeben mußte, um zu versuchen, seine Frau Eurydike von dort zurückzuholen. Aber das ist eine ziemlich lange Geschichte, die kann ich euch heute nicht mehr erzählen. Ihr wißt ja, daß wir morgen früh zeitig aufstehen müssen."

„Wieso zeitig?" wunderte sich Kristoffer.

Der Onkel lachte: „Ja, habt ihr denn vergessen, daß eure Eltern heute abend von England heimkommen und uns morgen von hier abholen werden? Die Schule beginnt doch am Montag!"

„Ja richtig", sagte Jan und tat einen tiefen Seufzer.

„Da wird es nichts mehr mit neuen Sternengeschichten." Kristoffer war ganz enttäuscht. „Dabei gibt es doch so viele Sterne, über die wir noch gar nichts gehört haben!"

„Und ich *muß* einfach diese Geschichte über den Sänger Orpheus hören", jammerte Jenny.

„Wißt ihr was, ich hab eine Idee!" rief Jan. „Wir fahren doch jedes Jahr im September noch einmal auf die Insel, um das Boot aus dem Wasser zu nehmen und um alles in Ordnung zu bringen – da kann doch Onkel Martin mitkommen und uns weitererzählen!"

„Ja, lieber, lieber Onkel Martin, bitte komm doch im Herbst mit auf die Insel!" bettelte Jenny.

„Nun, ich glaube, das wird sich machen lassen", versprach der Onkel.

„Daß es so viele spannende Geschichten auf dem Himmel gibt, hätte ich wirklich nicht geglaubt!" sagte Kristoffer und legte seine Hand in die des Onkels. Gemeinsam stiegen sie den Aussichtsberg hinunter.

Anhang

Wissenswertes über den Sternenhimmel

Grundtext: Curt Roslund und Anika de Ruvo
Bearbeitet von Prof. Hermann Mucke

Wer von uns hat nicht schon manchmal am Abend oder in der Nacht hinaufgeschaut auf unseren schönen Sternenhimmel? Welch herrliches Gefühl: ich kleines Menschenkind, umringt von Tausenden und Abertausenden Sternen!

Ob es da droben irgendwo Leben gibt? Wenn man doch einmal eine Reise hinauf zu den Sternen machen könnte! Oder wenigstens eine Reise zum Mond.

Und wie wäre es, wenn alle Sternbilder plötzlich als riesige Figuren am Himmelszelt herumwandern würden? Welches Himmelsschauspiel das ergäbe!

DIE BEDEUTUNG DER EKLIPTIK

Die Ekliptik (Himmelsäquator) markiert die Bahn der Sonne während eines Jahres. Entlang der Ekliptik bewegen sich auch die Planeten und der Mond. Da Planeten und Mond ständig in Bewegung sind, kann man ihren Platz auf der Sternenkarte nicht exakt festlegen, sondern nur die Bahn aufzeigen, auf der nach ihnen zu suchen ist.

Die Ekliptik geht durch dreizehn Sternbilder. Im hohen Teil geht sie durch die Sternbilder Stier (Taurus) und Zwillinge (Gemini). Wenn du die Ekliptik weiter nach Westen verfolgst, findest du die Sternbilder Krebs (Cancer), Löwe (Leo), Jungfrau (Virgo), Waage (Libra), Skorpion (Scorpius), Schlangenträger (Ophiuchus), Schütze (Sagittarius), Steinbock (Capricornus), Wassermann (Aquarius), Fische (Pisces) und Widder (Aries).

JEDES STERNBILD HAT SEINE JAHRESZEIT

Jedes Sternbild hat seine spezielle Jahreszeit, in der es besonders gut am Sternenhimmel zu erkennen ist.

Im Herbst sieht man abends im Süden sehr deutlich die Sternbilder Pegasus, Andromeda und Perseus.

An Winterabenden beherrscht das Sternbild des Orion, mit den Sternen Rigel, Betelgeuze und Bellatrix den Himmel. Rund um

Orion siehst du die Sternbilder Großer Hund (Canis major) mit Sirius, dem hellsten Stern des Himmels, dann Kleiner Hund (Canis minor) mit dem Stern Prokyon, das Sternbild Zwillinge (Gemini) mit den Sternen Castor und Pollux, das Sternbild Fuhrmann (Aurige) mit dem Stern Capella und schließlich noch das Sternbild Stier (Taurus) mit dem Stern Aldebaran. Im Stier glitzert eines der lieblichsten Schmuckstücke unseres Sternenhimmels: der Sternenhaufen der Pleiaden (Siebengestirn).

An Frühlingsabenden siehst du deutlich die Sternbilder Jungfrau (Virgo), Löwe (Leo) und Bärenhüter (Bootes). Schau auf der Sternenkarte nach, wie deren wichtigste Sterne heißen!

An Sommerabenden kann man das sogenannte Sommerdreieck besonders gut beobachten. Es besteht aus den Sternen Vega, Deneb und Atair. Die Vega liegt im Sternbild der Leier (Lyra), Deneb im Schwan (Cygnus) und Atair im Adler (Aquila). Am Horizont im Süden strahlt der rote Stern Antares im Sternbild des Skorpion (Scorpius).

Und dann kommt wieder der Herbst, in dem man die Sternbilder Pegasus, Andromeda und Perseus gut sehen kann.

WIE BEGINNT MAN?

Will man den Sternenhimmel kennenlernen, so ist es wichtig, sich ein Sternbild nach dem anderen einzuprägen. Ein guter Start ist es, zu versuchen, zunächst das Sternbild des Großen Bären (Ursus major) zu finden, wir nennen es auch den Großen Wagen.

Den Großen Bären findet man immer in nördlicher Richtung, manchmal ziemlich nahe dem Horizont, manchmal fast geradewegs über dem Beobachtungsplatz. Denk daran, daß sich der Große Bär in jeder Lage befinden kann, sogar vollkommen auf den Kopf gestellt. Wenn du den Großen Bären gefunden hast, dann halte die Sternenkarte über deinen Kopf und drehe sie, bis die Lage des Großen Bären der Karte mit dessen Lage am Himmel übereinstimmt. — Das ist gar nicht so einfach und braucht einiges an Geduld.

Nun versuche den Polarstern (Polaris) zu finden. Schau von den zwei Sternen auf der Hinterseite des Großen Bären gerade aufwärts. Wenn du den Polarstern gefunden hast, kennst du auch den Punkt, um den sich alle Sterne drehen – den Himmelspol. Der Polarstern liegt im Sternbild des Kleinen Bären.

Andere Sterne, die du mit Hilfe des Großen Bären leicht finden kannst, sind: der Arcturus im Bärenhüter, die Spica in der Jungfrau, der Regulus im Löwen, Castor und Pollux in den Zwillingen und die Capella im Fuhrmann.

Im Winter kann man das Sternbild Orion verwenden, um sich am

Himmel zurechtzufinden. Typisch für Orion sind die drei Sterne in einer Reihe: Orions Gürtel. Mit Orions Hilfe findet man leicht die Sterne Sirius, Procyon, Castor, Pollux, Capella und Aldebaran (sie bilden das sogenannte „Wintersechseck“) und die dazugehörigen Sternbilder.

GROSSER BÄR

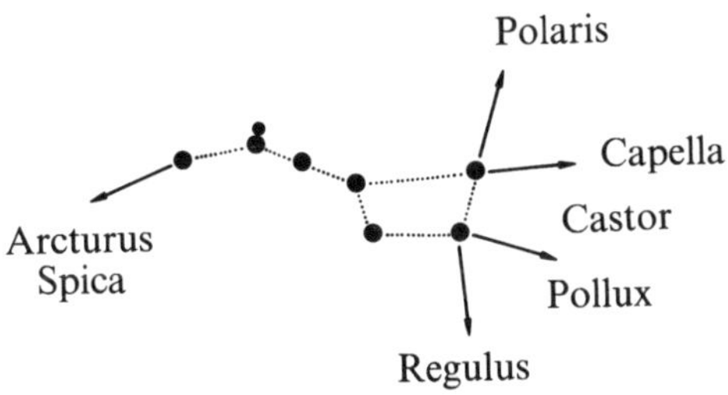

ORION

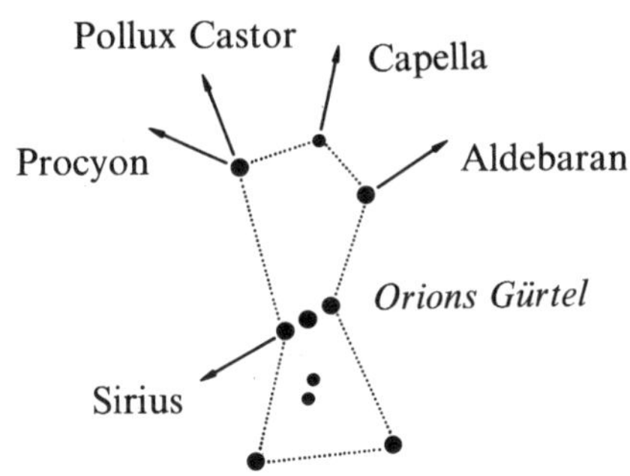

EIN BILLIGES VERGNÜGEN!

Nimm die Sternenkarte in die eine Hand und eine schwache, wenn möglich rot leuchtende Taschenlampe in die andere; und dann geh an einen Platz, wo es keine störende Beleuchtung gibt, am besten, bevor es noch ganz dunkel geworden ist, denn auf einem allzu sternensprühenden Himmel ist es viel schwerer, sich zurechtzufinden. — Mehr braucht man nicht, um die Sterne zu beobachten!

Es ist natürlich klar, daß man mit einem Fernrohr wesentlich mehr am Sternenhimmel sehen kann. — Aber dann hört es auf, ein billiges Vergnügen zu sein, ein gutes Fernrohr ist eine teure Angelegenheit.

JEDER STERN IST EINE SONNE

Reisen wir in unserem Sonnensystem weit hinaus, bis zum Planeten Pluto, und schauen wir von dort auf unsere Sonne, so sieht sie aus wie ein Stern. Unsere Sonne ist ein kleiner Stern, fast zweitausendmal kleiner als der rote Riesenstern Betelgeuze im Sternbild des Orion. Aber im Vergleich mit der Erde ist die Sonne riesig, ihr Durchmesser ist 109mal so groß! Von weitem also ist unsere Sonne ein Stern, aber für uns ist sie die warm strahlende Sonne.

Unser nächster Nachbarstern, Proxima Centauri, ist so weit entfernt, daß es vier Jahre dauert, bis sein Licht zu uns gelangt. Das Licht schafft 300 000 Kilometer in der Sekunde! Versuch einmal auszurechnen, wie weit es in einem Jahr kommt! — Unvorstellbar!

Manche Sterne sind Doppelsterne. Ein Doppelstern besteht aus zwei Sternen, die eng nebeneinander liegen. Ein sehr bekannte Doppelstern heißt Mizar, im Sternbild des Großen Bären. Es wird erzählt, daß dieser Doppelstern im alten Assyrien als Sehprüfung verwendet wurde. Jene jungen Männer, die den kleinen Folgestern Alkor nicht erkennen konnten, durften nicht in der Krieg ziehen.

Manchmal gibt es Sterne in einer großen Anzahl von glitzernden Lichtpunkten. Man nennt sie „Sternhaufen". Ein solcher Sternhaufen sind beispielsweise die Pleiaden. Sie heißen zwar „Siebengestirn", aber man kann mit bloßem Auge nur sechs Sterne sehen. Schaut man sie jedoch mit einem Feldstecher an, so sieht man, daß dieser Sternhaufen aus Hunderten schwach leuchtender Sterne besteht.

PLANETEN — WANDERNDE STERNE?

Deine Sternenkarte zeigt nur, wo die hellen Sterne liegen. Aber manchmal kannst du am Himmel helle Punkte finden, die trotz ihrer Helligkeit auf der Karte nicht aufscheinen. Ist die Karte am Ende falsch gezeichnet? Oder ist ein neuer Stern am Himmel entstanden? Nein, keines von beidem! Die richtige Antwort ist wohl, daß du einen Planeten gefunden hast, vor allem dann, wenn er nahe der Ekliptik aufscheint. Die Planeten können ja auf der Sternenkarte nicht eingezeichnet werden, weil sie zwischen den Sternen wandern. Oft kann man einen Planeten an seinem ruhigen, hellen Licht erkennen, im Unterschied zu den Sternen, die funkeln und glitzern. Vergiß nicht: jeder Stern ist eine Sonne!

Ein Planet ist aber ein Himmelskörper, der um eine Sonne kreist. Rund um unsere Sonne kreisen neun Planeten: Merkur, Venus, Erde, Mars, Jupiter, Saturn, Uranus, Neptun und Pluto. Zusammen bilden sie unser Sonnensystem.

Merkur ist der Sonne am nächsten, Pluto am weitesten von ihr entfernt. Die Planeten bis Saturn kannte man schon lange vor der Antike. Doch Uranus, Neptun und Pluto wurden erst viel später entdeckt – Pluto gar erst im Jahr 1930. Diese drei Planeten kann man nur durch ein Teleskop sehen. Die Venus ist ungefähr so groß wie die Erde, Mars, Merkur und Pluto sind kleiner, die übrigen Planeten größer.

Die Erde nimmt unter den Planeten unseres Sonnensystems einen ganz besonderen Platz ein. Sie ist der einzige Planet, dessen Oberfläche zu einem großen Teil mit Wasser bedeckt ist und auf dem es Leben gibt: Pflanzen, Tiere und Menschen. Und dies deshalb, weil die Erde gerade in der richtigen Entfernung zur Sonne liegt.

Auf der Venus und auch auf dem Mars gibt es hohe Berge und tiefe Täler, aber sie sind Wüstenplaneten, und — sowiet wir das bisher beurteilen können — es gibt dort kein Leben, nicht einmal in der einfachsten Form. Nun, sicher bist du schon daraufgekommen, wieso es auf der Venus wärmer ist als auf der Erde und auf dem Mars kälter als bei uns.

Außer Merkur und Venus haben alle Planeten unseres Sonnensystems Monde. Der Mond unserer Erde zählt zu den ganz großen. Jupiter hat viele Monde. Die vier größten – sie heißen Io, Europa, Ganymed und Kallisto – kannst du mit einem Feldstecher sehen.

Zwischen Mars und Jupiter gibt es eine beträchtliche Anzahl von Kleinkörpern, die man mit freiem Auge nicht sehen kann. Man nennt sie Kleinplaneten oder Asteroiden. Über ihre Entstehung gibt es ganz verschiedene Ansichten, vielleicht sind es die Überreste eines „geborstenen“ Planeten. Einige von ihnen dürften bis zu tausend Kilometer Durchmesser haben, die meisten sind viel kleiner.

EINIGE ZAHLEN ÜBER DIE PLANETEN IN UNSEREM SONNENSYSTEM

Planet	Abstand von der Sonne	Umlaufzeit	Durchmesser	Oberflächen-Mitteltemperatur	Anzahl der Monde
Merkur	58 Mill. km	0,24 Jahre	4 878 km	+ 170 °C	0
Venus	108 Mill. km	0,62 Jahre	12 104 km	+ 460 °C	0
Erde	150 Mill. km	1,00 Jahre	12 757 km	+ 15 °C	1
Mars	229 Mill. km	1,88 Jahre	6 796 km	− 55 °C	2
Jupiter	778 Mill. km	11,86 Jahre	142 796 km	− 150 °C	16
Saturn	1427 Mill. km	29,46 Jahre	120 660 km	− 180 °C	21
Uranus	2870 Mill. km	84,01 Jahre	50 800 km	− 210 °C	15
Neptun	4497 Mill. km	164,79 Jahre	48 600 km	− 220 °C	8
Pluto	5900 Mill. km	248,50 Jahre	2 300 km	− 230 °C	1

METEORE SIND KEINE FALLENDEN STERNE!

Rund um die Sonne bewegen sich auch Kometen. Ein Komet gleicht einem Riesenball aus schmutzigem Schnee, der durch das Sonnensystem rast. Wenn er in die Nähe der Sonne kommt, schmilzt ein Teil durch die Sonnenwärme, und der Komet bekommt einen langen Schweif. Wenn Körnchen eines Kometen in die Erdatmosphäre gelangen, erscheinen sie wie ein fallender Stern am Nachthimmel — ein Meteor oder eine sogenannte Sternschnuppe. Jedes Jahr um den 12. August und um den 14. Dezember zieht die Erde durch den Schweif eines Kometen. Deshalb entsteht in den Nächten rund um dieses Datum ein prachtvolles Schauspiel am Himmelszelt, und es sind oft bis zu 100 Meteore pro Stunde zu sehen. Die winzigen Körperchen stoßen also mit der Erde zusammen, verglühen in ihrer Lufthülle oder fallen auch als Meteorite zu Boden.

DIE MILCHSTRASSE — UNSERE GALAXIE

Alle Sterne, die du mit freiem Auge oder durch ein Teleskop sehen kannst, gehören zu einem großen Sternsystem, zu unserer Milchstraße. Sie ist eine Galaxie. In dunklen Winter- und Sommernächten zieht sich die Milchstraße wie ein leuchtendes Band über den Sternenhimmel. Durch einen Feldstecher sieht man, daß dieses Licht von einer unzähligen Menge schwachleuchtender Sterne kommt, die entlang einer „Himmelsstraße" liegen. Das Licht der Milchstraße kann so stark sein, daß es sich auf dem Erdboden, im Schnee, spiegelt. Auf deiner Sternenkarte ist die Milchstraße als graues Band eingezeichnet, das sich vom Sternbild des Schützen (Sagittarius) bis hinunter zum Sternbild des Großen Hundes (Canis major) erstreckt.

Die Milchstraße sieht wie eine Riesenspirale aus. Sie besteht aus rund 100 Milliarden Sternen — das sind eine Million Millionen Sterne! Unsere Sonne liegt im äußeren Drittel der Außenschichte der Milchstraße, ca. 30 000 Lichtjahre vom Zentrum entfernt. Ihr dürft dabei nicht vergessen, daß jeder Stern eine Sonne ist, um die Planten kreisen, und daß viele dieser Planeten einen oder mehrere Monde haben. Die 100 Milliarden müssen also noch einmal mit einer gar nicht so kleinen Zahl multipliziert werden, wenn man die Gesamtzahl aller Himmelskörper einer Galaxie berechnen will!

Die Milchstraße enthält aber nicht nur Sterne (Sonnensysteme), sondern auch Wolken aus Gas und Staub, sogenannte Nebel. Ein bekannter Nebel, den du mit dem Feldstecher sehen kannst, ist der Orion-Nebel unter den drei Sternen von Orions Gürtel.

Außerhalb unserer Milchstraße gibt es noch andere Sternsysteme oder Galaxien, wie sie genannt werden. Im oberen Teil des Sternbildes Andromeda kannst du einen schwachen Lichtfleck sehen. Das ist unsere nächste Nachbargalaxie, die Andromeda-Galaxie. Die Entfernung bis dorthin beträgt zwei Millionen Lichtjahre. Auf Fotos, die mit Hilfe eines Teleskops gemacht wurden, erkennt man, daß die Andromeda-Galaxie auch Spiralform hat, genauso wie unsere Milchstraße. Von fern sieht also unsere Milchstraße wohl so aus wie die Andromeda-Galaxie.

Mit riesigen Teleskopen kann man Millionen, ja vielleicht Milliarden Galaxien zählen. Ist das Universum nirgendwo zu Ende? Und wenn es eine Grenze gibt: was ist außerhalb? Auf diese und viele andere Fragen sucht die moderne Astronomie die Antwort.

VIEL GLÜCK BEIM STERNESCHAUEN!

Januar

Welche Sternbilderkarte müssen wir wählen?

Unsere Sternkarten gelten jeweils in der ersten Monatshälfte für 21 Uhr und in der zweiten Monatshälfte für 20 Uhr Mitteleuropäische Zeit (MEZ). Vom letzten Sonntag im März bis zum letzten Sonntag im September zählen wir nach der Mitteleuropäischen Sommerzeit (MESZ), kurz „Sommerzeit“ genannt. Von der Sommerzeit müssen wir 1 Stunde abziehen, um auf die Mitteleuropäische Zeit zu kommen.

Mit Hilfe der folgenden Tabelle können wir aber auch für andere Nachtstunden die passenden Sternbilderkarten aussuchen – das tun win immer nach Mitteleuropäischer Zeit: Wir gehen in der Zeile der betreffenden Monatshälfte so weit nach rechts, bis wir zu der Spalte kommen, über der die Uhrzeit (MEZ) steht, für die wir die Karte wählen wollen.

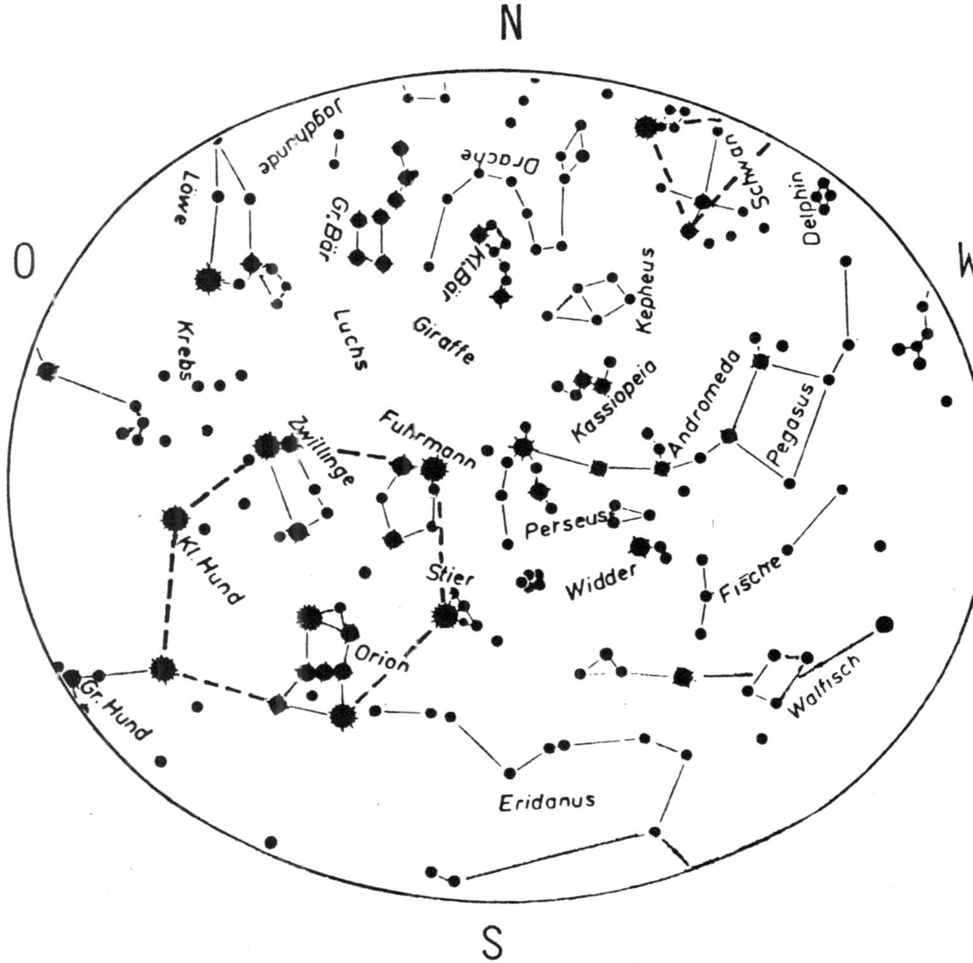

Februar

Hier gleich ein Beispiel: Angenommen, wir wollen am 6. März um 3 Uhr früh die Sterne beobachten. In der Zeile „März, 1.Hälfte" steht in der „3h"-Spalte „Jun". Wir müssen also die Juni-Karte wählen. Wollten wir am selben Tag um 4 Uhr früh den Himmel betrachten, würden wir in der Zeile „März, 1.Hälfte, 4h" auf einen Leerplatz kommen. In diesem Fall können wir eine der beiden benachbarten Karten, die Juni-Karte oder die Juli-Karte, nehmen.

Wie verwenden wir die Sternbilderkarten?

Die für Monatshälfte und Uhrzeit MEZ passende Karte halten wir wie einen Regenschirm so über unseren Kopf, daß das S auf der Karte wirklich nach Süden weist – dorthin, wo die Sonne in der Mitte zwischen ihrem Auf- und Untergang, „zu Mittag", steht. Dann brauchen wir uns die Karte nur noch nach

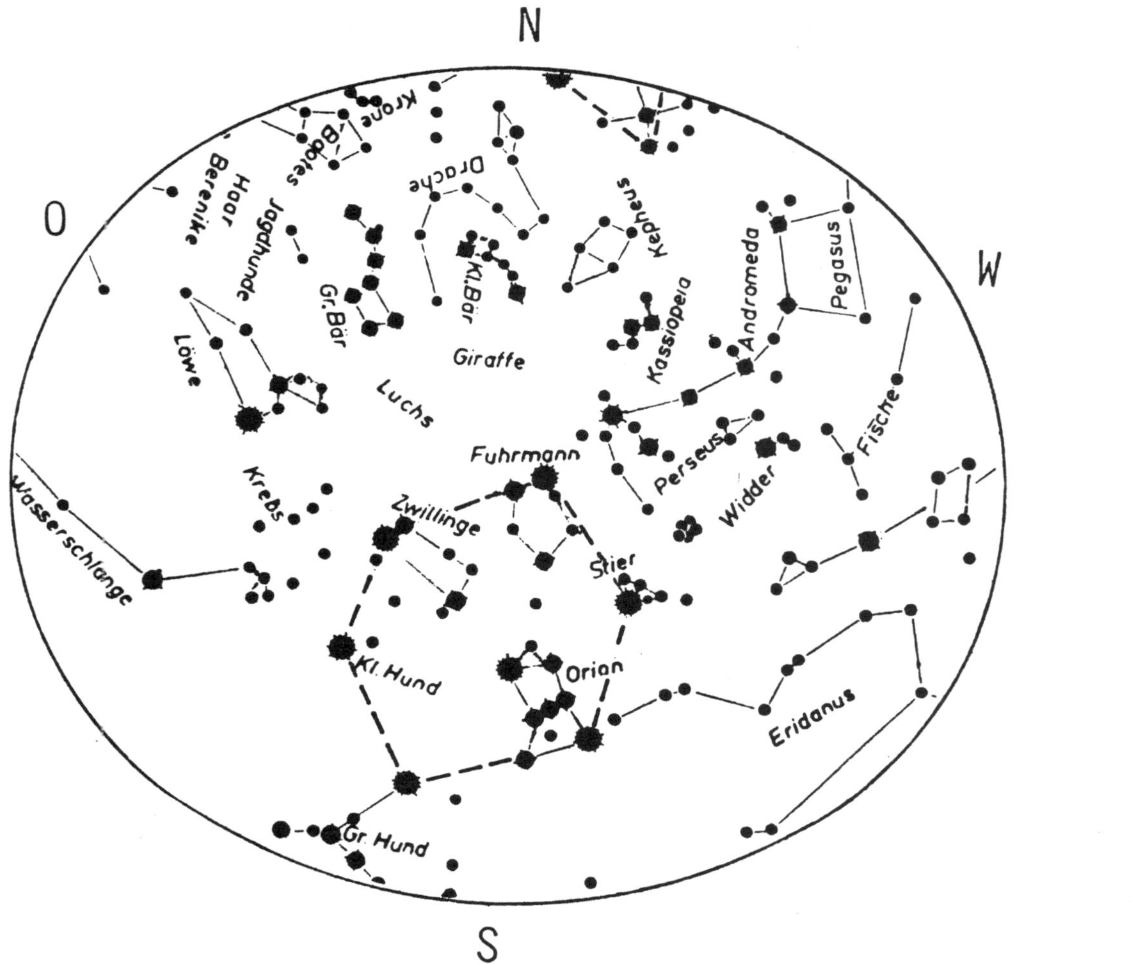

März

oben gewölbt vorzustellen und finden jedes Sternbild ungefähr dort „oben“ am Himmel, wo es auch „unten“ auf der Karte in unserer Hand steht. In unseren Karten sind natürlich nur die helleren Sterne, die wir leicht mit freiem Auge sehen können, eingezeichnet. Für die übrigen Gestirne brauchen wir eine genauere Karte und den Himmelskalender.

Wollt ihr mehr vom gestirnten Himmel wissen?

Die Sternbilderkarten zeigen uns, wo die Sternbilder am Himmel zu finden sind. Mehr Sterne zeigen uns die KOSMOS-STERNKARTEN, die auch Sternhaufen und Nebel enthalten. So wie auf der Erde gibt es auch am Himmel ein Gradnetz, in das wir die Wandelgestirne – Sonne, Mond, Planeten – einzeichnen können. Diese genaueren Sternkarten gibt es im Fachbuchhandel.

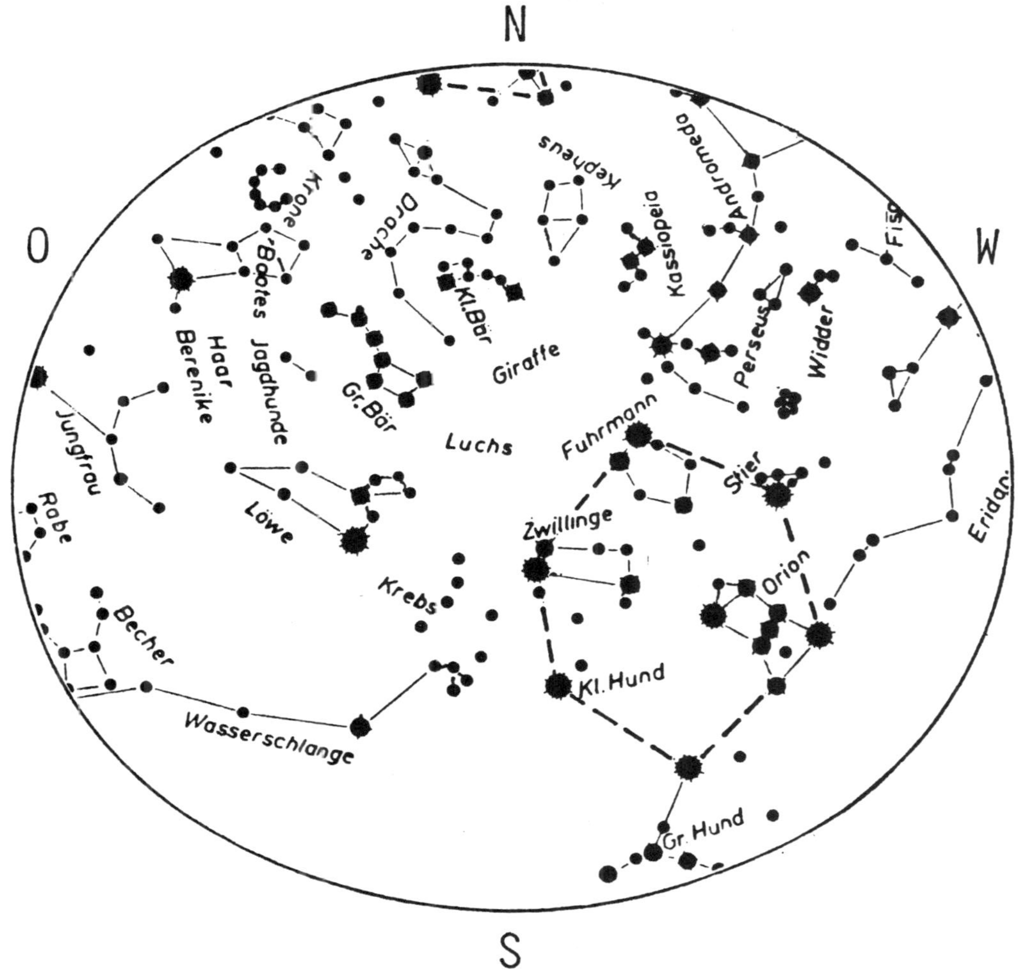

April

Wo die Wandelgestirne stehen, sagt uns der ÖSTERREICHISCHE HIMMELSKALENDER, der alljährlich erscheint und vom Astronomischen Büro, Hasenwartgasse 32, A-1238 Wien, bezogen werden kann. Er weist auch auf besondere Himmelsereignisse, zum Beispiel Finsternisse, Planetenstellungen und Planetenmonde hin. Aus ihm sind unsere Sternbilderkarten entnommen.

Besonders schön können wir die Vorgänge am Himmel in einem „Planetarium", z.B. im PLANETARIUM DER STADT WIEN, im Prater, beim Riesenrad, erleben – auch dann, wenn das Wetter schlecht ist! Führungen gibt es dort Samstag und Sonntag um 15 und 17 Uhr, außer im August. Mit den großen und modernen Fernrohren der URANIA STERNWARTE können wir an schönen Abenden jeden Mittwoch, Freitag und Samstag um 20 Uhr – wenn wir Sommerzeit haben, um 21 Uhr –

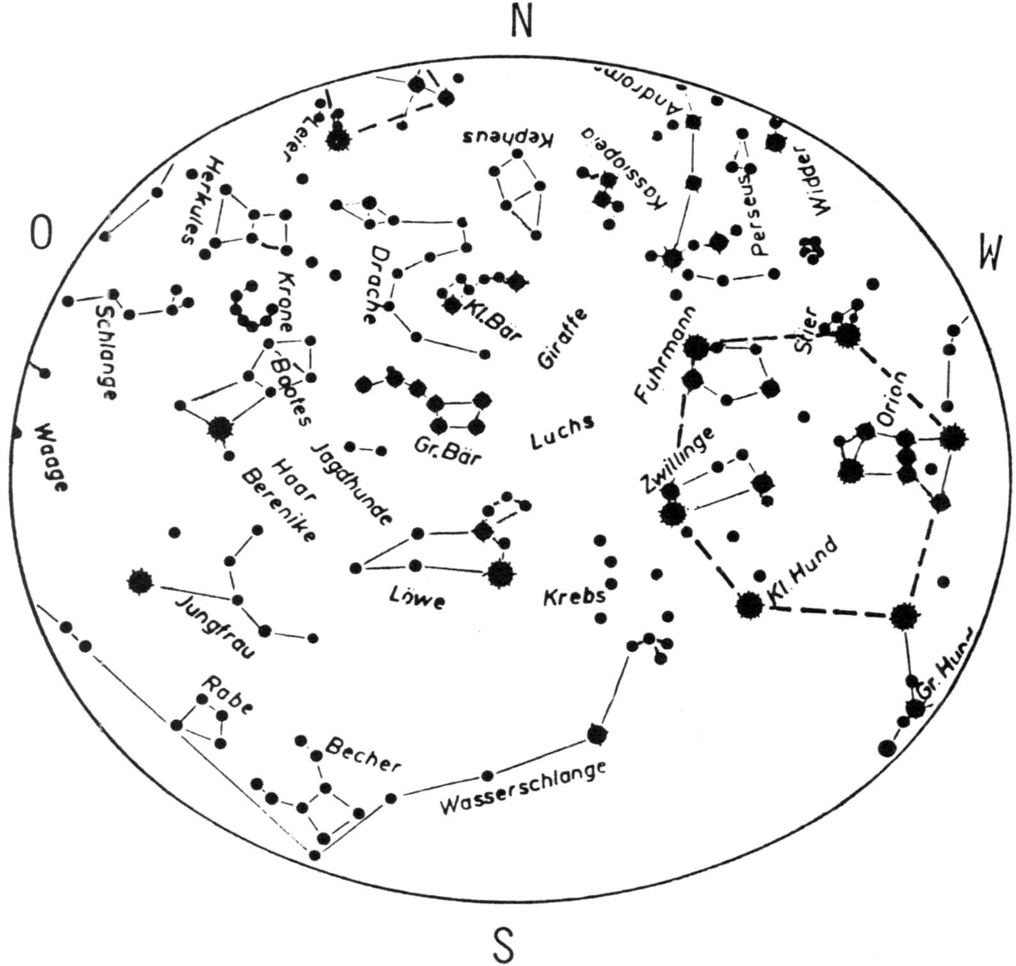

Mai

beobachten; jeden Sonntag um 11 Uhr wird dort die Sonne gezeigt. Im August ist die Urania Sternwarte geschlossen.

Rund um die Uhr gibt es einen Telephon-Kundendienst „AKTUELLES AM HIMMEL“, (0222) 26 24 91: Sonne, Mond, Planeten, Kometen, Sternbilder…

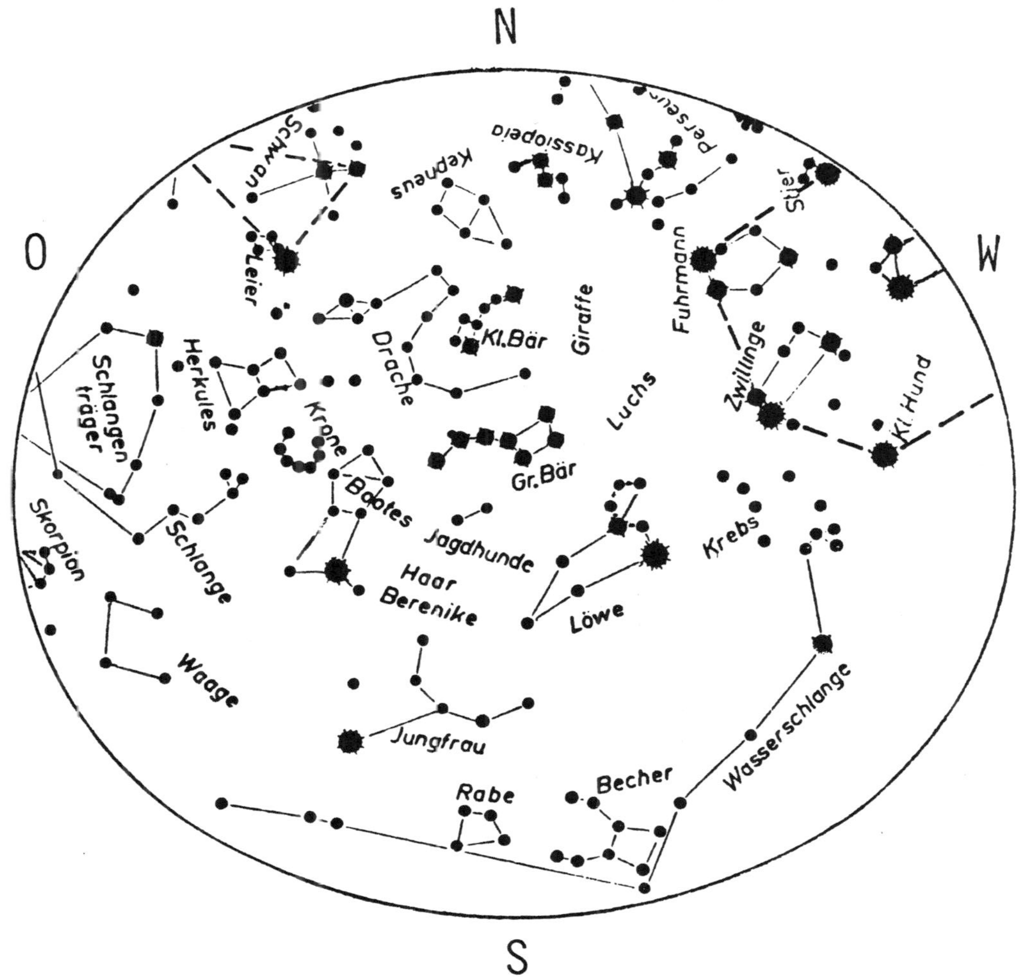

Juni

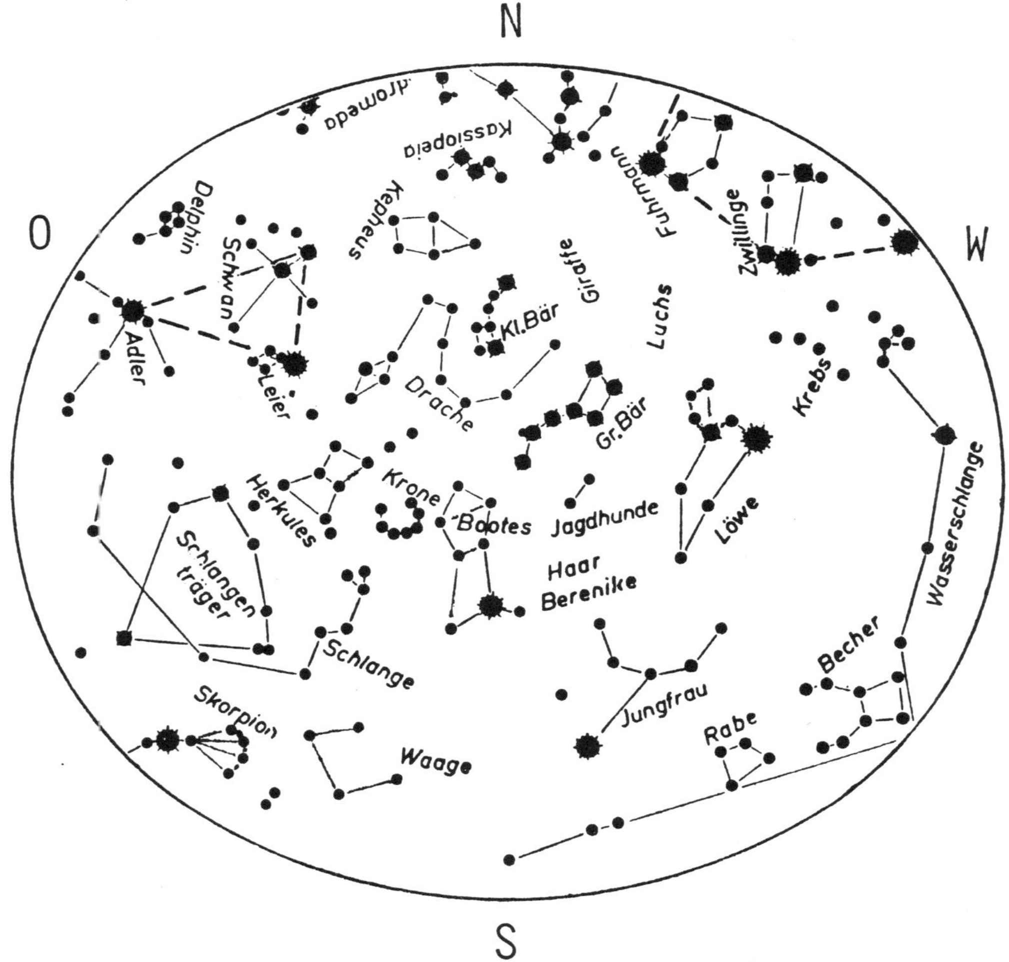
N
O
W
S
dromeda
Kassiopeia
Fuhrmann
Zwillinge
Delphin
Kepheus
Giraffe
Schwan
Kl.Bär
Luchs
Adler
Leier
Drache
Krebs
Gr.Bär
Herkules
Krone
Bootes
Jagdhunde
Löwe
Schlangen
träger
Haar
Berenike
Wasserschlange
Schlange
Becher
Skorpion
Jungfrau
Rabe
Waage

Juli

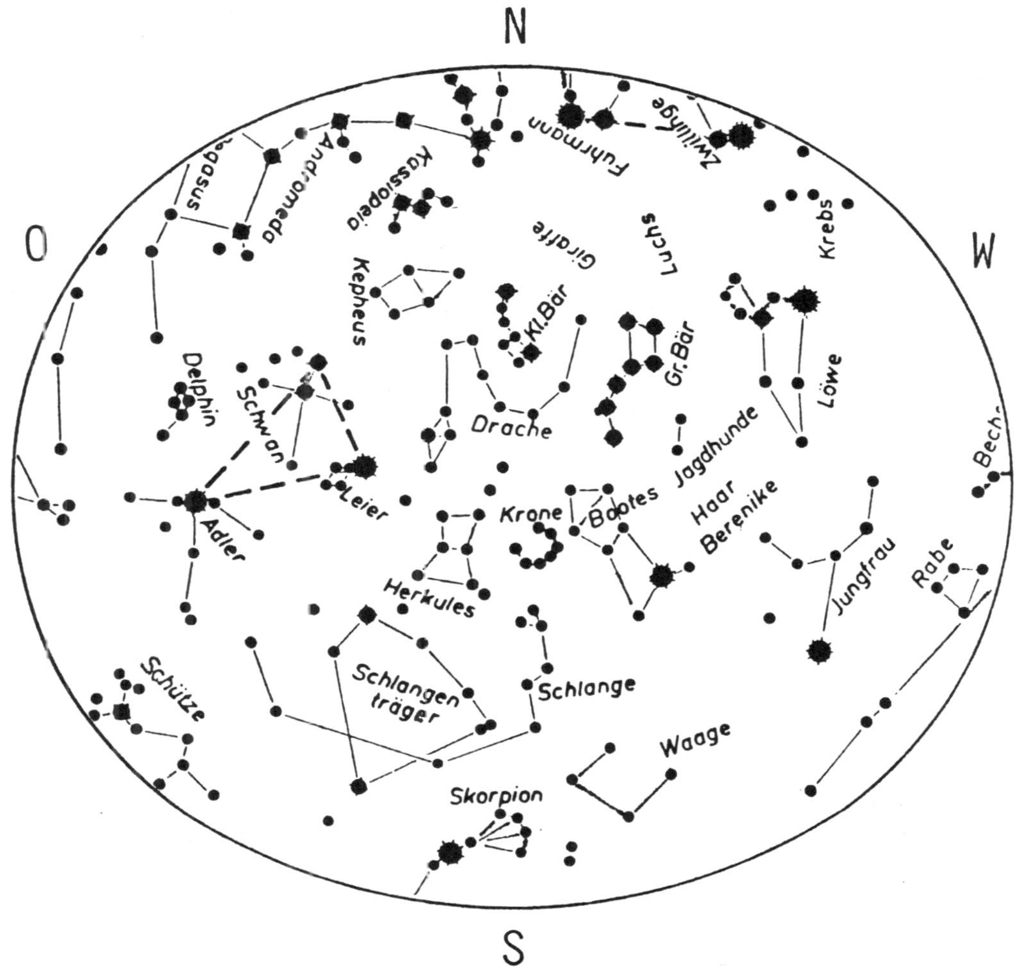
N
O
W
S
Fuhrmann
Zwillinge
Andromeda
Kassiopeia
Krebs
Giraffe
Luchs
Kepheus
Kl.Bär
Gr.Bär
Löwe
Delphin
Schwan
Drache
Jagdhunde
Leier
Krone
Bootes
Haar
Berenike
Adler
Herkules
Jungfrau
Rabe
Schütze
Schlangen
träger
Schlange
Waage
Skorpion

August

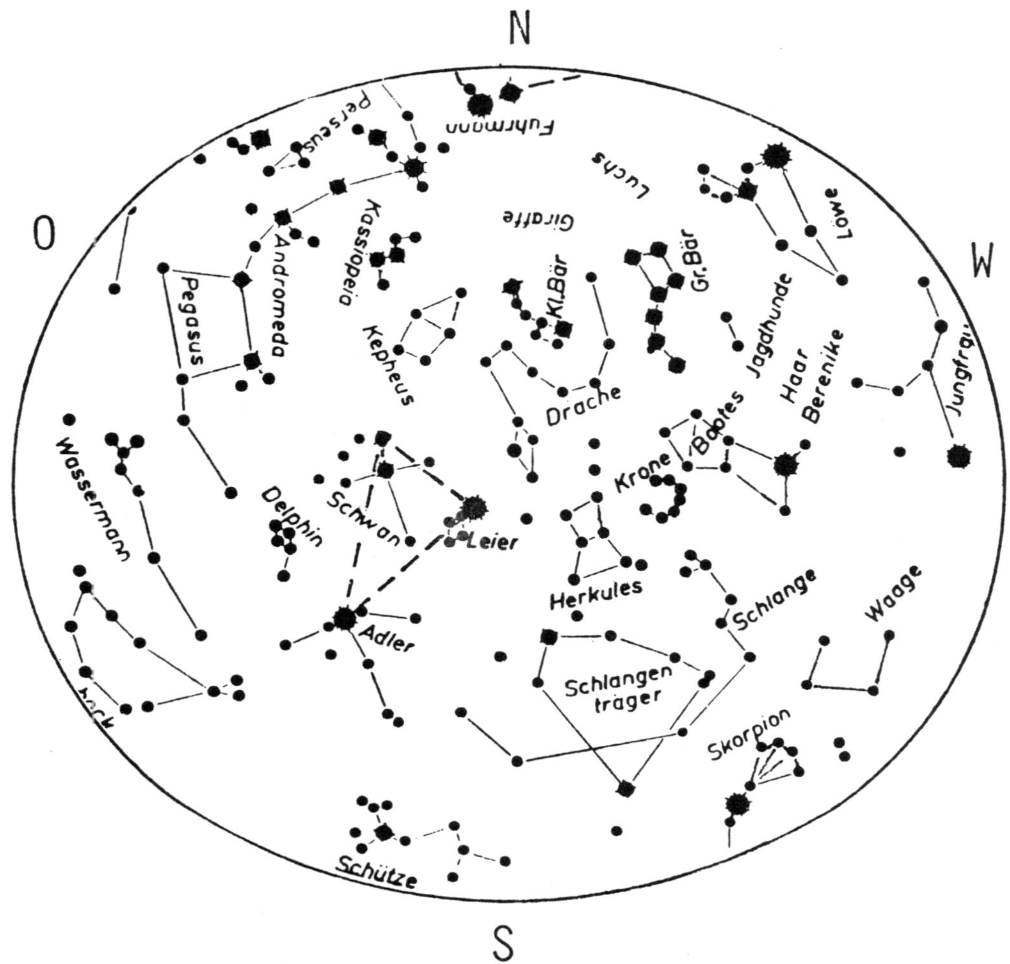
N
O
W
S
Fuhrmann
Perseus
Luchs
Giraffe
Löwe
Kassiopeia
Andromeda
Pegasus
Kl.Bär
Gr.Bär
Jagdhunde
Haar
Berenike
Jungfrau
Kepheus
Drache
Bootes
Krone
Wassermann
Delphin
Schwan
Leier
Herkules
Schlange
Waage
Adler
Schlangen
träger
Skorpion
Schütze

September

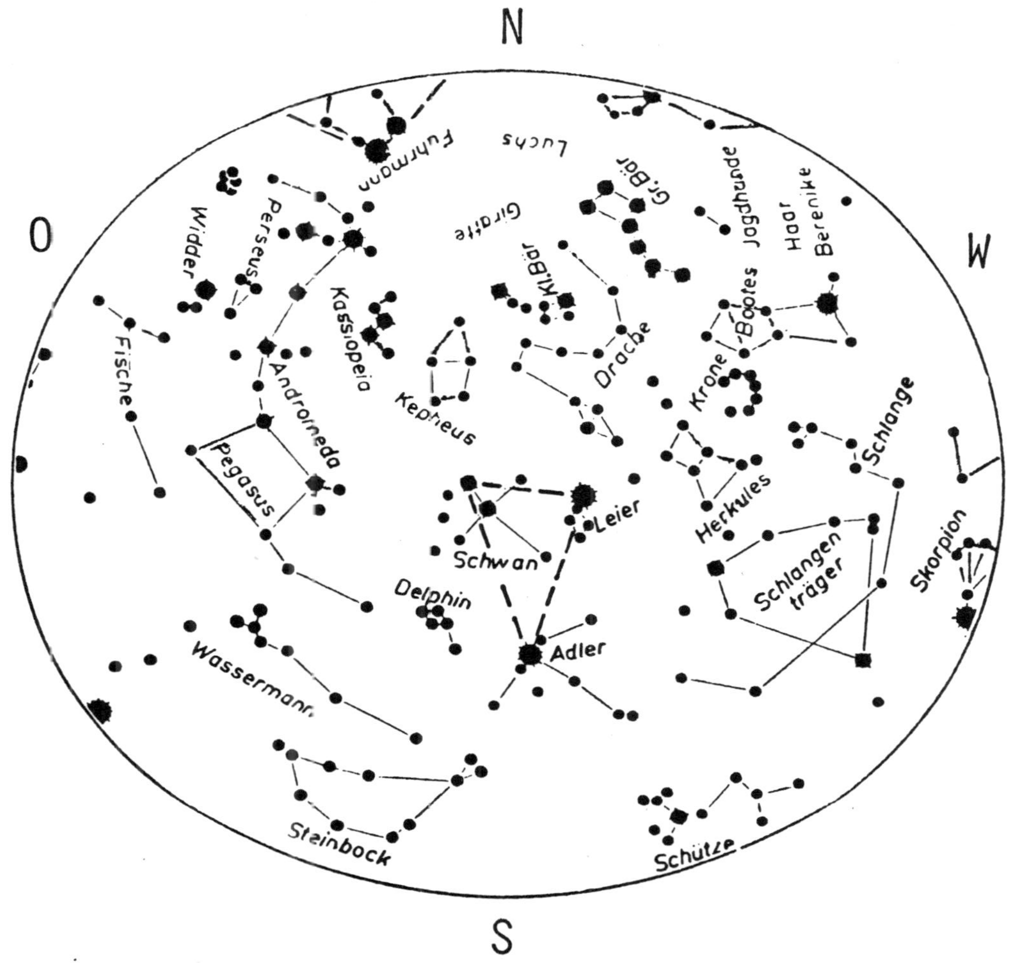
N
O
W
S
Fuhrmann
Luchs
Gr. Bär
Jagdhunde
Haar
Berenike
Widder
Perseus
Giraffe
Kl. Bär
Bootes
Kassiopeia
Fische
Andromeda
Kepheus
Drache
Krone
Schlange
Pegasus
Leier
Herkules
Schwan
Schlangenträger
Skorpion
Delphin
Adler
Wassermann
Steinbock
Schütze

Oktober

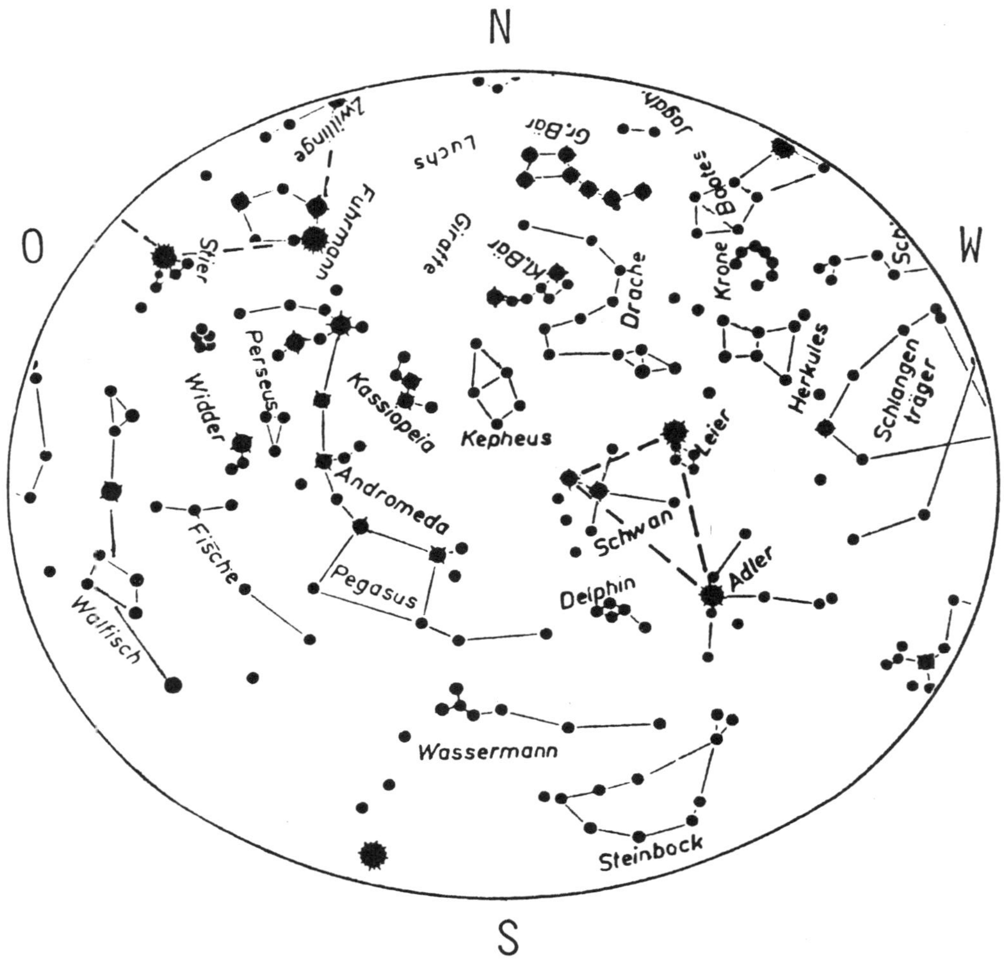

N
O
W
S
Zwillinge
Luchs
Gr. Bär
Jagdh.
Fuhrmann
Stier
Giraffe
Kl. Bär
Drache
Bootes
Krone
Sch.
Herkules
Schlangen träger
Perseus
Widder
Kassiopeia
Kepheus
Leier
Andromeda
Schwan
Adler
Fische
Pegasus
Delphin
Walfisch
Wassermann
Steinbock

November

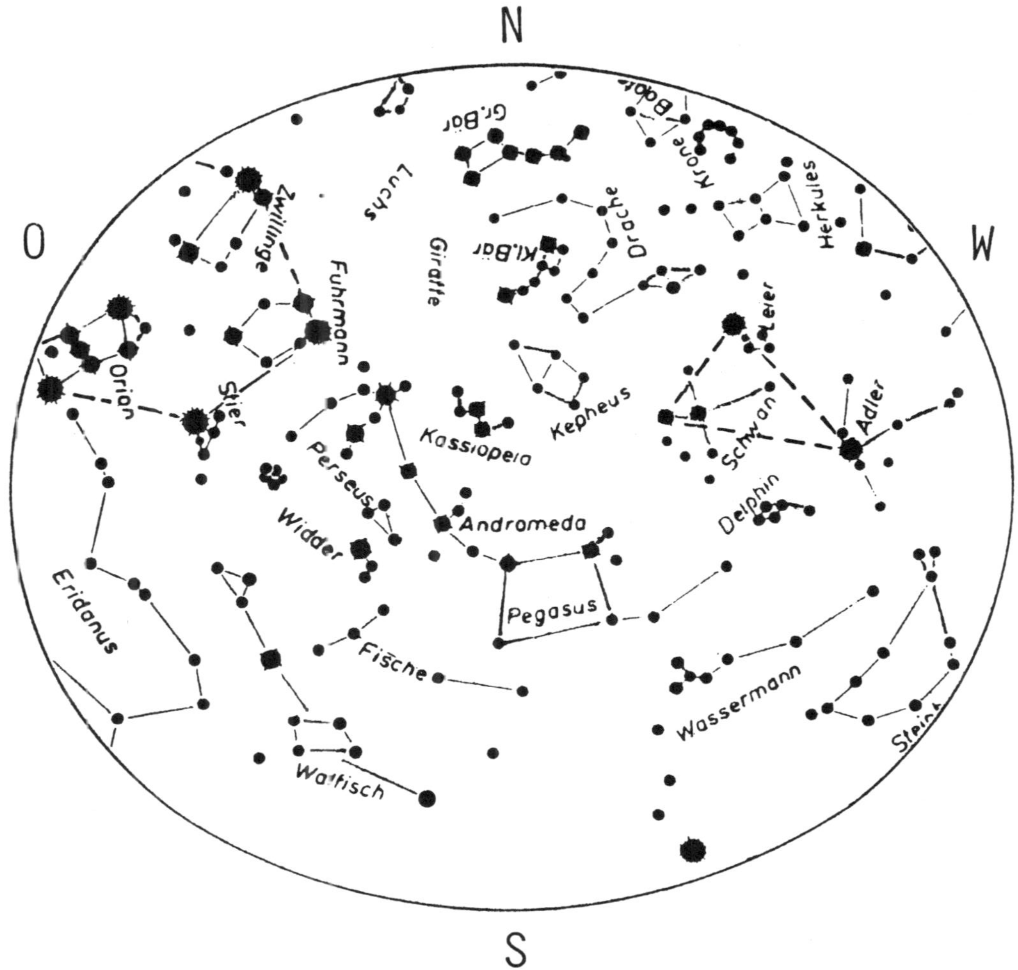
N
O
W
S
Gr.Bär
Kl.Bär
Drache
Krone
Herkules
Luchs
Giraffe
Zwillinge
Fuhrmann
Orion
Stier
Kepheus
Kassiopeia
Leier
Schwan
Adler
Perseus
Widder
Andromeda
Delphin
Pegasus
Eridanus
Fische
Wassermann
Walfisch

Dezember

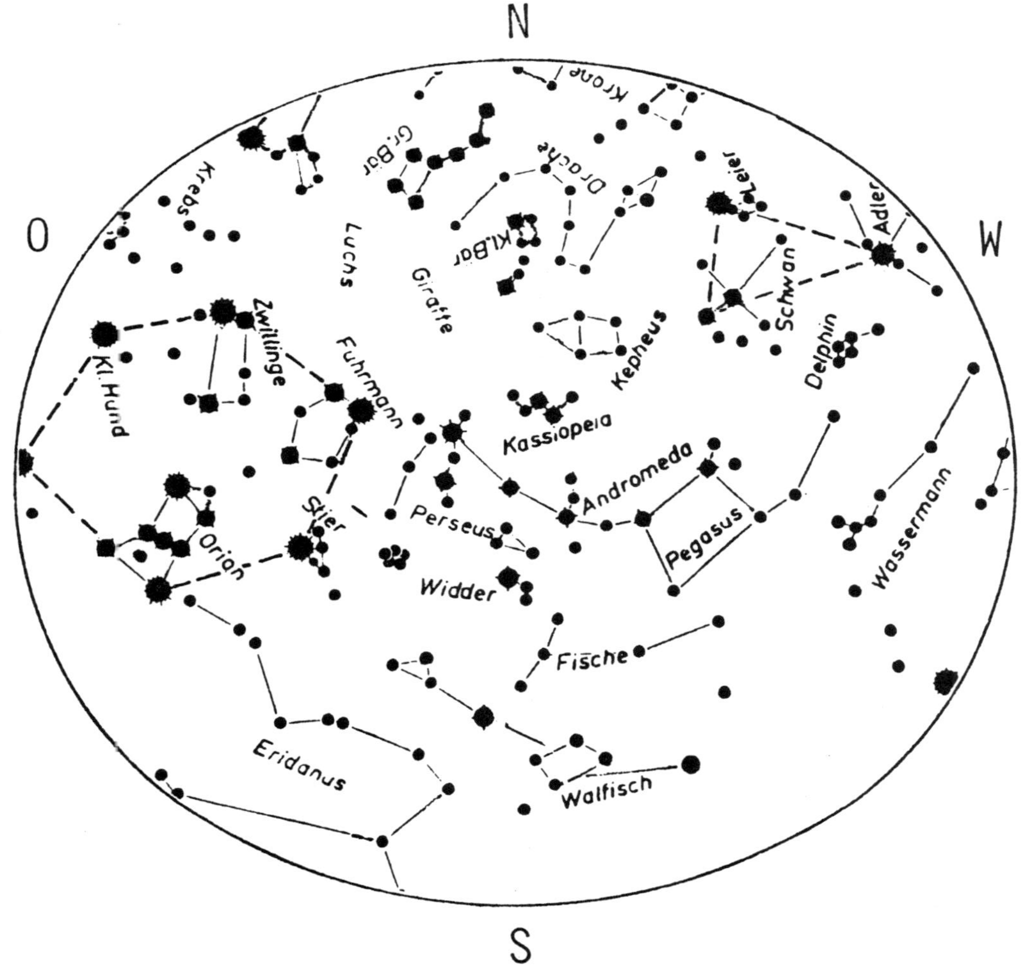
N
O
W
S
Krone
Gr. Bär
Drache
Leier
Adler
Krebs
Luchs
Kl. Bär
Giraffe
Schwan
Zwillinge
Fuhrmann
Kepheus
Delphin
Kl. Hund
Kassiopeia
Andromeda
Stier
Perseus
Pegasus
Wassermann
Orion
Widder
Fische
Eridanus
Walfisch

Welche Monats-Sternbilderkarte (Jan.- Dez.) gehört zu welcher Monatshälfte und Nachtstunde?

MONAT und Hälfte		NACHTSTUNDEN (Mitteleuropäische Zeit; von Sommerzeit 1 Stunde abziehen														
		17^h	18^h	19^h	20^h	21^h	22^h	23^h	$24^h/0^h$	1^h	2^h	3^h	4^h	5^h	6^h	7^h
JANUAR	1. Hälfte	Nov		Dez		Jan		Feb		Mär		Apr		Mai		Jun
	2. Hälfte		Dez		Jan		Feb		Mär		Apr		Mai		Jun	
FEBRUAR	1. Hälfte	Dez		Jan		Feb		Mär		Apr		Mai		Jun		Jul
	2. Hälfte		Jan		Feb		Mär		Apr		Mai		Jun		Jul	
MÄRZ	1. Hälfte	Jan		Feb		Mär		Apr		Mai		Jun		Jul		Aug
	2. Hälfte		Feb		Mär		Apr		Mai		Jun		Jul		Aug	
APRIL	1. Hälfte	Feb		Mär		Apr		Mai		Jun		Jul		Aug		Sep
	2. Hälfte		Mär		Apr		Mai		Jun		Jul		Aug		Sep	
MAI	1. Hälfte	Mär		Apr		Mai		Jun		Jul		Aug		Sep		Okt
	2. Hälfte		Apr		Mai		Jun		Jul		Aug		Sep		Okt	
JUNI	1. Hälfte	Apr		Mai		Jun		Jul		Aug		Sep		Okt		Nov
	2. Hälfte		Mai		Jun		Jul		Aug		Sep		Okt		Nov	
JULI	1. Hälfte	Mai		Jun		Jul		Aug		Sep		Okt		Nov		Dez
	2. Hälfte		Jun		Jul		Aug		Sep		Okt		Nov		Dez	
AUGUST	1. Hälfte	Jun		Jul		Aug		Sep		Okt		Nov		Dez		Jan
	2. Hälfte		Jul		Aug		Sep		Okt		Nov		Dez		Jan	
SEPTEMBER	1. Hälfte	Jul		Aug		Sep		Okt		Nov		Dez		Jan		Feb
	2. Hälfte		Aug		Sep		Okt		Nov		Dez		Jan		Feb	
OKTOBER	1. Hälfte	Aug		Sep		Okt		Nov		Dez		Jan		Feb		Mär
	2. Hälfte		Sep		Okt		Nov		Dez		Jan		Feb		Mär	
NOVEMBER	1. Hälfte	Sep		Okt		Nov		Dez		Jan		Feb		Mär		Apr
	2. Hälfte		Okt		Nov		Dez		Jan		Feb		Mär		Apr	
DEZEMBER	1. Hälfte	Okt		Nov		Dez		Jan		Feb		Mär		Apr		Mai
	2. Hälfte		Nov		Dez		Jan		Feb		Mär		Apr		Mai	

Register

Alkyone: Eine der Pleiaden.

Andromeda: Tochter von Kepheus und Kassiopeia, Gattin von Perseus. Sternbild.

Aphrodite: Tochter von Zeus und Dione, Göttin der Liebe.

Apollo: Sohn von Zeus und Leto, Zwillingsbruder von Artemis, Halbbruder von Hermes. Gott der prophetischen Weissagung, der Kunst und der Musik.

Artemis: Tochter von Zeus und Leto, Zwillingsschwester von Apollo, Göttin der Jagd, zugleich Beschützerin der wilden Tiere, der Kinder und alles Schwachen.

Athene: Tochter des Zeus, entsprang aus dessen Kopf. Schutzgöttin des Krieges, der Weisheit und der Künste.

Atlas: Riese aus dem Geschlecht der Titanen, Vater der Pleiaden. Träger des Himmelsgewölbes. Wurde von Perseus durch das Medusenhaupt zu Stein verwandelt: Atlasgebirge in Marokko.

Bär, Grosser: (auch „KALLISTO“ = die „Schönste“). Zirkumpolarsternbild, s. Großer Wagen.

Bär, Kleiner: Sohn von Kallisto. Zirkumpolarsternbild; Hauptstern: Polarstern = Schwanzspitze, s. Kleiner Wagen.

Canis Major: s. Großer Hund.

Canis Minor: s. Kleiner Hund.

Cetus: s. Walfisch.

Danae: Tochter von König Akrisios von Argos, Mutter von Perseus.

Diktys: Bruder des Polydektes, später dessen Thronfolger, Ziehvater von Perseus.

Dionysos: Sohn von Zeus. Gott des Weines.

Eos: Tochter des Titanen Hyperion und der Titanin Theia, Schwester von Helios (Sonnengott) und Selene (Mondgöttin). Göttin der Morgenröte „mit den Rosenfingern“.

Eurydike: Baumnymphe, Gattin des Orpheus.

Fische: (lat. „Pisces“) Sternbild. Hauptstern: Alrescha.

Gaia: Erdmutter, entsprang dem Ur-Chaos, Mutter der Titanen.

Gorgonen: Enkel von Gaia, drei Schwestern: Stheino (Starke), Euryale (Weitspringende), Medusa (Herrscherin), Schwestern der Graien.

Graien: Ältere Schwestern der Gorgonen.

Hades: Sohn von Kronos und Rhea, Bruder von Zeus. Totengott, Beherrscher der Unterwelt. Hades ist gleichzeitig die Bezeichnung für Unterwelt, Totenreich.

Hase: (lat. „Lepus“), Sternbild zu Füßen des Orion.

Helios: Enkel von Gaia, Bruder der Selene, Sonnengott.

Hephaistos: Sohn von Zeus und Hera. Gott des Feuers, Schmied der Götter.

Hera: Tochter von Kronos und Rhea, Gattin von Zeus.

Herakles: (lat. „Herkules"). Sohn von Alkmene, Enkel von Perseus. Sternbild.

Hermes: Sohn von Zeus und Maia, Halbbruder von Apollo. Götterbote, Führer der Schatten ins Reich des Hades, Beschützer der Reisenden, Schutzgott der Diebe und Kaufleute.

Hesperiden: Töchter von Erebos und Nyx (Nacht). Göttinnen der Nacht, Hüterinnen der Äpfel, dem Hochzeitsgeschenk von Gaia an Hera.

Homer: Berühmter griechischer Dichter (Ilias, Odyssee), lebte im 8. Jh. v. Chr.

Hund, Grosser: Begleiter des Orion. Sternbild; Hauptstern: Sirius, der hellste Stern unseres Sternenhimmels.

Hund, Kleiner: Begleiter des Orion. Sternbild; Hauptstern: Prokyon.

Kallisto: (die „Schönste"), Dienerin der Artemis, Geliebte des Zeus, wurde von Hera in eine Bärin verwandelt und mit ihrem Sohn von Athene auf den Himmel versetzt (Großer und Kleiner Bär).

Kassiopeia: (auch „Cassiopeia"), Gattin von König Kepheus, Mutter der Andromeda. Zirkumpolarsternbild.

Kedalion: Gehilfe des Hephaistos in dessen Schmiede auf Lemnos.

Kepheus: Gatte von Kassiopeia, Vater von Andromeda. König von Äthiopien. Zirkumpolarsternbild.

Leo: s. Löwe.

Lepus: s. Hase.

Löwe: (lat. „Leo"), Sternbild; Hauptstern: Regulus.

Lyra: Von Hermes geschaffenes Saiteninstrument. Sternbild; Hauptstern: Vega.

Maia: Eine der Pleiaden, Mutter von Hermes.

Medusa: Die jüngste und einzige Sterbliche der Gorgonenschwestern.

Merope: Eine der Pleiaden.

Milchstraße: Teil des Spiralnebels unserer Galaxie, in dessen äußerem Drittel unser Sonnensystem liegt:

Nereiden: Töchter von Nereus.

Nereus: Gott des Meeres, Sohn von Gaia.

Olymp: Wohnstätte der Götter Griechenlands.

Ophiuchus: Berühmter griechischer Arzt, Sternbild „Schlangenträger".

Orion: Sohn von Poseidon. Riese und Jäger. Sternbild; größte Sterne: Betelgeuze, Rigel.

Orpheus: Sohn von Apollo und der Muse Kalliope, Gatte von Eurydike, Größter Sänger der griechischen Mythologie. Seine Leier (Lyra) wurde als Sternbild auf den Himmel versetzt.
Ostara: Frühlingsgöttin.
Pegasos: Beflügeltes Pferd, Dichterroß, entsprang dem Blut der Medusa, als sie von Perseus geköpft wurde.
Perseus: Sohn von Zeus und Danae. Bezwinger der Medusa, Gatte von Andromeda. Zirkumpolarsternbild.
Pleiaden: Maia, Elektra, Taygete, Kelaino, Alkyone, Sterope, Merope. Töchter des Riesen Atlas. Sternbild: „Siebengestirn", im Rücken des Stiers.
Polarstern: „Polaris", Himmelsnordpol, steht immer im Norden. Schwanzspitze des Kleinen Bären, bzw. letzter Deichselstern des Kleinen Wagens.
Polydektes: Bruder von Diktys, König von Seriphos.
Poseidon: Bruder des Zeus, Sohn von Kronos und Rhea. Meeresgott.
Prokyon: Begleiter des Jägers Orion; Hauptstern im Sternbild Kleiner Hund.
Schlangenträger: (auch „Ophiuchus"), Sternbild.
Siebengestirn: s. Pleiaden.
Sirius: Begleiter des Jägers Orion. Hauptstern im Sternbild Großer Hund, hellster Stern auf unserem Himmel.
Skorpion: Sein Stachel tötete Orion. Sternbild; Hauptstern: Antares.
Steinbock: (lat. „Caprocornus") Sternbild; Hauptstern: Algedi.
Stier: Spielgefährte der Pleiaden. Sternbild; Hauptstern: Aldebaran.
Taurus: s. Stier.
Ursus Major: s. Großer Bär.
Ursus Minor: s. Kleiner Bär.
Wagen, Großer: Teil des Sternbildes Großer Bär, mit dem Doppelstern Mizar/Alkor.
Wagen, Kleiner: Teil des Sternbildes Kleiner Bär; Hauptstern: Polarstern.
Walfisch: (lat. „Cetus"), Seeungeheuer, das Andromeda verschlingen sollte. Wurde von Perseus besiegt. Sternbild; Hauptstern: Deneb Kaitos.
Wassermann: (lat. „Aquarius") Sternbild. Hauptstern: Sadalmelik.
Zeus: Herrscher im Reich der Götter, Sohn von Kronos und Rhea.
Zirkumpolarsternbilder: Sind das ganze Jahr hindurch sichtbar, geraten nie unter den Horizont.